생각이
크는
인문학

집

생각이 크는 인문학_집

지은이 서윤영
그린이 이진아

1판 1쇄 인쇄 2024년 4월 18일
1판 1쇄 발행 2024년 4월 26일

펴낸이 김영곤
키즈사업본부장 김수경
에듀2팀 김은영 고은영 박시은
아동마케팅영업본부장 변유경
아동마케팅1팀 김영남 정성은 손용우 최윤아 송혜수
아동마케팅2팀 황혜선 이규림 이주은
아동영업팀 강경남 김규희 최유성
e-커머스팀 장철용 양슬기 황성진 전연우
디자인팀 이찬형

펴낸곳 (주)북이십일 을파소
출판등록 2000년 5월 6일 제406-2003-061호
주소 (우 10881) 경기도 파주시 회동길 201(문발동)
연락처 031-955-2100(대표) 031-955-2177(팩스)
홈페이지 www.book21.com

ⓒ 서윤영. 2024

ISBN 979-11-7117-548-2 43540

책 값은 뒤표지에 있습니다.

• 제조자명 : (주)북이십일
• 주소 및 전화번호 : 경기도 파주시 회동길 201(문발동) / 031-955-2100
• 제조연월 : 2024. 04.
• 제조국명 : 대한민국
• 사용연령 : 8세 이상 어린이 제품

생각이 크는 인문학

26 집

글 서윤영
그림 이진아

을파소

목 차

3장

왜 많은 사람이 아파트에 살게 된 걸까?

사는 곳이 내 가치를 결정할까?

5장

미래의 집은 어떤 의미를 가질까?

여러분은 어제 하루를 어떻게 보냈나요? 지난 일주일은 또 어떻게 보냈나요? 아마 아침에 일어나 학교에 갔고 그다음엔 학원에 가거나 집에 돌아와 숙제했겠지요. 어쩌면 친구 집에 가기도 했을 테고요. 주말에는 부모님과 함께 마트나 맛있는 식당, 서점, 백화점이나 영화관에 들러 재미있는 하루를 보냈을 거예요. 어쩌면 놀이공원에 가거나 여행했을지도 몰라요. 지난 일주일간 여러분이 시간을 보냈던 곳들의 공통점을 떠올려 보세요. 건물의 실내였지 않나요? 지금 이 책을 읽고 있는 곳도 집이든 학교든 학원이든 도서관이든, 어떤 건물의 실내일 거고요.

그뿐만이 아니에요. 여러분이 태어나 지금까지 살아왔던 환경도 대개 건물이었어요. 병원에서 태어나 산후조리원에서 얼마간 지내다가 집으로 왔겠지요. 어린이집과 유치원을 거쳐 초등학교에 다니고 있는 지금까지 주로 건물 안에서 살고 있고요. 이처럼 건물은 우리의 생활과 뗄 수 없는 관련이 있어요. 그리고 그중에서도 가장 중요한 곳은 바로 집이지요.

제게는 집과 관련된 추억이 있어요. 7~8살 무렵, 저는 함께 살던 이모와 아주 친하게 지냈죠. 그런데 어느 날부터 이모가 조금씩 분주해지기 시작했어요. 예쁜 옷을 입는 일이 잦아지더니 외출했다 늦게 오는 일도 자주 있었지요. 이모는 대체 어디로 가는 걸까요? 조르고 졸라 따라간 이모의 외출 길, 어느 건물의 2층 다방으로 올라가던 가파른 계단이 지금도 기억나요. 그곳에 도착하니 어느 멋진 아저씨가 기다리고 있었어요. 그 아저씨는 탁자 위에 흰 성냥개비를 늘어놓으며 무언가 특이한 도형을 그려 놨었지요. 방 두 개에 거실과 부엌, 화장실로 이루어진 작은 집의 도면이었어요.

얼마 후 이모는 웨딩드레스를 입고 그 아저씨와 결혼해 집을 떠났지만, 그 아저씨 아니 이모부가 그렸던 흰색 도면은 아직도 생각이 나요. 이모부는 건축가가 아니었지만, 다방에서 여자친구를 기다리면서 나중에 여자친구와 함께 살기 위한 집을 그려 봤던 거예요. 그래서 미래를 계획할 때 꼭 빠지지 않는 것 중 하나가 집이 아닐까 생각했어요.

꼭 사람만이 집을 짓는 것은 아니에요. 새는 알을 낳는

데 알을 부화시키기 위해 일정 기간 품어 주어야 해요. 또한 갓 부화한 새끼는 날지 못하기 때문에 부모가 먹이를 물어다 먹이며 키워야 하죠. 벌과 개미도 알을 키우기 위해 집이 필요하고요. 우리에게 친숙한 네발 달린 포유동물들도 나무둥치나 땅굴, 때로는 직접 만든 멋진 건축물에 터를 잡고 새끼를 낳아 기르죠. 어떤 형태가 됐든, 집은 갓 태어난 어린 새끼에게 가장 따듯한 안식처예요.

이 책은 바로 그런 이야기를 담고 있어요. 사람이 살아가는 데 꼭 필요한 집, 이 집이 대체 무엇인지부터 시작해 원시 시대의 집은 어떠했는지, 아파트는 어떻게 생겨났는지, 현재 우리가 살아가는 집과 공간이 담은 의미가 무엇인지를 이야기해요. 지금의 집에 얽힌 생각할 거리도 짚어 볼 거예요. 우리가 아는 주택과 전혀 다른 형태의 집, 이를테면 동굴이나 지하 주거에 관한 이야기도 나오고요. 게다가 앞서 말한 동물들의 놀라운 집이나 건축가들이 꿈꾸는 미래 세대의 집도 다룬답니다. 이 책이 '우리 집'에 대한 이야기가 궁금한 독자들은 물론, 앞으로 건축가가 되기를 꿈꾸는 독자들에게 좋은 길잡이가 되기를 바랍니다.

2024년 4월
서윤영

1장

하우스(House)와
홈(Home)의 차이는
무엇일까?

집은 어떤 의미가 담겨 있을까?

'집'이라는 말을 들으면 여러분은 무엇이 가장 먼저 떠오르나요? 지금 사는 집이 떠오를 수도 있고 부모님이나 가족을 떠올리기도 할 거예요. 부모님과 함께 즐겁게 식사하는 모습을 먼저 떠올릴 수도 있지요.

집을 일컬어 '생활을 담는 그릇'이라고도 해요. 이 말이 무슨 뜻일까요? 우리는 보통 밥을 먹을 때 그릇을 사용해요. 밥은 공기에 국은 대접에 담고 반찬은 접시에 담아내죠. 그리고 음식이 담긴 그릇은 식탁 위에 두며, 식탁은 주방 한편에 마련된 자리에 놓아요. 그렇다면 주방은 '식탁을 놓고 밥을 먹는 행위'를 담았다고 할 수 있겠지요?

집도 마찬가지예요. 공부방은 '공부를 하고 잠을 자며 휴식을 취하는 행위'를 담았다고 할 수 있어요. 온 가족이 함께 모여 텔레비전을 보며 즐겁게 이야기를 하는 거실은 '가족이 함께 편히 시간을 보내는 행위'를 담았어요. 그리고 주방과 거실, 각자의 침실이 합쳐진 우리 집은 밥을 먹고 공부도 하고 잠을 자고 가족끼리 한데 모이기도 하는, 이 모든 생활을 담고 있어요.

그뿐만 아니라 집은 가끔 색다른 생활을 담기도 해요. 설날이나 추석 같은 명절에는 친척 집을 방문하거나 우리 집에 친척이 찾아오곤 해요. 이렇게 친척들이 많이 모일 때는 식탁에서 다 함께 식사하기 어렵기 때문에 거실에 커다란 상을 펴고 음식을 차려요. 즉 거실은 평소에는 가족 휴식 행위를 담았다가 명절이나 특별한 날에는 친척 모임이 열리는 곳이기도 한 거죠. 1980년대까지만 해도 혼례식이나 회갑연, 돌잔치도 모두 집에서 했고, 김장과 간장, 메주를 담그는 일도 집에서 했는데 이렇게 큰일을 벌일 때는 마루도 모자라 마당이라는 더 넓은 곳에 가족 행위를 담았어요. 집에 모이는 사람과 집에서 하는 행위에 따라 집의 공간과 의미도 계속 바뀐 거지요. 이처럼 집은 매일의 평범한 일상생활뿐만 아니라 무척 많은 의미를 담고 있어요.

그렇다면 우리가 흔히 말하는 '집'에는 어떤 의미가 담겨 있을까요? 누군가가 여러분에게 집이 어디냐고 물어본다면 보통 주소를 대답할 거예요. 어떤 집에서 사느냐는 질문에는 아파트나 단독 주택처럼 살고 있는 집의 형태를 이야기할 거고요. 이때의 집은 물리적인 집인 '가옥'(하우스, House)을 말해요.

"우리 집에는 할머니가 함께 사세요" 혹은 "집에 아빠가 안 계세요"라고 말했을 때의 집은 '가정'(홈, Home)을 나타내요. 또 "우리 집은 설날과 추석에 온 가족이 함께 모여서 차례를 지내요", "우리 집은 1년에 한 번씩은 꼭 가족 여행을 떠나요"라고 말할 때의 집은 가정과 더불어 가풍*까지 의미해요. 나아가 "요새 누가 돌잔치를 집에서 하나요?", "예전에는 집에서 혼례를 올리곤 했지요"라고 말할 때의 집은 주거 문화를 뜻하지요. 이처럼 집에는 가옥과 가정, 가풍과 주거 문화까지 여러 의미가 있어요.

> ★ 가풍 한 집안에 전해 내려오는 고유한 관습이나 생활 방식.

집은 그곳에 사는 사람(Human) 그 자체를 의미하기도 해요. 실제로 우리나라에서는 사람의 이름 대신 그가 사는 집의 이름을 부르기도 했지요. 예를 들어 5만 원권 지폐에 새겨진 신사임당은 율곡 이이의 어머니이자 조선 시대의 뛰어난 예술가예요. 『홍길동전』을 지은 허균의 누이인 허난설헌도 마찬가지로 조선 시대의 예술가고요. 여기서 사임당과 난설헌은 사람 이름이 아니라 이들이 살던 집의 이름이었

집이 갖는 다양한 의미

어요. 옛날 문인들은 자신이 거처하던 집의 이름을 직접 짓곤 했는데, 이걸 당호라고 불러요. 신사임당의 본명은 밝혀지진 않았지만 따로 있고, 사임당은 그가 직접 지은 당호예요. 허난설헌도 본명은 허초희이지만 당호인 난설헌으로 더 자주 불리죠. 조선 시대에는 결혼하면 어른 대접을 받았는데, 어른의 이름을 함부로 부를 수는 없으니 당호로 대신 부른 거랍니다. 두 사람의 원래 이름 대신 사임당과 난설헌이 더 널리 알려지게 된 이유지요.

본명 대신 당호를 부르는 것은 우리 문화에서 매우 익숙한 일이었어요. 사극 드라마에서 쓰는 중전마마, 동궁마마라는 말도 당호를 딴 거예요. 왕비를 뜻하는 중전은 왕비가 거처하던 중궁전의 줄임말이고, 세자를 뜻하는 동궁은 동쪽에 있는 궁이라는 뜻으로 세자가 거처하던 곳을 이르는 말이거든요. 이 역시 세자와 왕비를 그가 사는 곳의 이름으로 대신 불렀다는 것을 알 수 있어요. 이렇게 신분이 높은 경우뿐만 아니라 평범한 사람도 원주댁, 파주댁처럼 출신지에 집을 뜻하는 말인 '댁'을 붙여 불렀어요. 댁은 "댁의 따님은 올해 몇 살이세요?"처럼 다른 사람을 호칭하는 대명사인 '당신' 대신 쓰이기도 하죠.

여러분에게 집이 갖는 가장 큰 의미는 무엇일까요? 그 의미를 찾으면 집이 어떤 공간인지 좀 더 확실하게 알 수 있을 거예요.

집은 꼭 한 장소에 있어야 할까?

우리는 집이 한 장소에 있다는 사실을 아주 당연하게 생각해요. 인류가 농사를 짓기 시작한 이후 계속 정착 생활을 해 왔기 때문이지요. 현대 사회에서도 사람들이 대부분 매일 같은 장소로 출퇴근하거나 학교에 오가기 때문에 보통 집이 고정되어 있어요. 하지만 집이 꼭 한 장소에 있어야 할까요? 여러 군데를 오가며 살아가는 사람들에게 집은 아예 존재하지 않는 걸까요?

21세기 들어 후기 산업사회로 접어들면서 정착 생활에 대한 인식이 바뀌고 있어요. 매일 출퇴근할 필요가 없는 사람들이 늘고 있거든요. 통신매체의 발달에 따라 비대면 근무나 재택근무가 활성화되면서 많은 직장인이 회사 사무실이 아닌 집에서 일을 하고 있어요. 원래 혼자 집에서 일하는 프리랜서도 마찬가지로 굳이 출퇴근할 필요가 없겠지요. 또 다니던 직장을 잠시 쉬면서 재충전하거나, 아이들이 방

학을 맞아 자유롭게 이동할 수 있는 시간이 늘어나는 경우에도 마찬가지예요. 이럴 땐 굳이 한곳에 정착하여 살기보다 이동해서 살아 볼 수도 있어요. 그래서 지방의 낯선 도시나 외국 휴양지에서 한 달에서 일 년 정도 되는 시간 동안 거주하는 사람들이 늘고 있지요. 남의 집을 빌리기도 하고, 짧은 기간의 거주에 특화된 장소를 고르기도 하면서요.

더 짧은 기간은 어떨까요? 요즘 휴일이나 명절 연휴에 호캉스를 떠나는 사람들이 많아요. 호캉스는 '호텔'과 '바캉스'를 합쳐 만든 신조어로 휴가 기간을 호텔에서 지내는 것을 의미하지요. 호캉스 역시 아주 짧은 기간이긴 하지만 거주하는 장소를 바꾼 이동 생활이라고 볼 수 있어요. 부엌이 없을 뿐 원룸이나 다름없는 호텔이라는 공간에서 며칠 동안 새로운 '주거 문화'를 체험해 보는 거니까요.

아예 집 자체가 이동하는 경우도 있어요. 집 대신 커다란 차를 하나 개조해 거주 공간으로 꾸미고 여러 장소를 돌아다니며 사는 거죠. 매번 숙소와 살 집을 구해야 하는 번거로움 대신 언제든 떠날 수 있다는 장점이 있어요. 지금은 휴일에 가족들과 캠핑을 떠나는 친구들이 많이 있는데, 그 캠핑이 몇 달씩 길게 이어지는 셈이에요. 기간과 장소는 저마다 차이가 있지만, 이 모든 것은 이동 생활이라는 공통점이 있어요.

  그렇다면 이렇게 옮겨 다니며 사는 건 한 장소에 정착한 생활과 어떻게 다를까요? 한 달 살기 하는 셋집이나 호텔, 캠핑용 자동차같이 각 지역에서 짧게 머무르는 공간들도 '집'이라고 할 수 있을까요? 이 장소들 역시 물리적인 공간인 가옥의 역할을 하고, 사람들과 교류하거나 휴식을 제공하는 가정의 역할도 하며, 짧은 기간이나마 사는 사람을 대표하기도 해요. 그럼 이동하며 머무르는 공간이나 아예 이동해 버리는 공간들도 집이라고 볼 수 있지 않을까요?

  뒤에서 더 자세히 설명하겠지만, 몽골 사람들은 가축을 풀어놓고 키우며 '게르'라는 집을 옮겨 다니는 유목 생활을 해요. 유목 생활 같은 이동 생활을 하면 익숙함에서 벗어나 새로운 상황을 자주 경험하게 되지요. 이처럼 새로운 상황을 자주 경험하면 우리는 무엇이 달라질까요? 집을 한곳에 정하지 않고 계속해서 옮겨 다니며 살게 된다면 우리의 삶은 어떤 변화를 맞이할지 생각해 보세요.

'산 집'이 '빌린 집'보다 더 가치 있는 곳일까?

집은 예로부터 의식주 중 하나로 묶여 왔어요. 의식주는 입을 것, 먹을 것, 거주할 곳을 의미하는 말로 인간의 삶에 꼭 필요한 세 가지를 뜻하지요. 집의 경우 자연재해나 동물, 외부인의 위협 같은 위험 요소에서 우리를 보호하고 편안하게 휴식을 취할 수 있는 공간이라는 점에서 굉장히 중요해요. 그러다 보니 각 개인이 집을 지을 뿐만 아니라 국가에서 나서서 국민에게 집을 제공하기도 하지요. 토지 공간을 마련해 기업체들이 그곳에 아파트를 짓고 개인들에게 분양할 수 있게 해 주거나 이렇게 지은 아파트나 주택을 국민에게 싼 가격에 빌려주는 공공 임대 사업을 진행하기도 해요.

요즘 신문과 방송에서 집값이 비싸다는 뉴스를 본 적이 있을 거예요. 아파트 한 채가 1년 사이에 몇 억 원이 올랐다, 내렸다 하는 이야기부터 1평(3.3제곱미터)당 가격이 얼마라는 이야기, 서울에 아파트 한 채를 사려면 월급을 한 푼도 쓰지 않고 20~30년은 모아야 한다는 이야기까지 나오고 있어요. 그런데 이렇게 비싼 집값이 집의 가치라고 할 수 있을까요? 집주인에게 돈을 내고 빌려서 사는 전셋집이나 국가의 공공 임대 주택은 돈을 주고 산 집보다 가치가 없을까요? 우리나라보다 공공 임대 주택이 먼저 발달한 유럽이나 미국의 예시를 보면 답을 찾을 수 있을지도 몰라요.

프랑스는 세계에서 공공 임대 주택 정책이 가장 잘 발달한 나라 중 하나예요. 프랑스 임대 주택 정책의 가장 큰 특징은 임대 주택에 입주할 자격이 있는 사람들이 무척 많다는 거예요. 벌어들이는 돈, 즉 소득을 구간별로 나눈 것을 소득 구간이라고 하는데, 낮은 소득부터 따져 보는 것을 소득 하위 구간이라고 해요. 프랑스에서는 소득 하위 70퍼센트의 사람들까지 임대 주택 입주가 가능해요. 다시 말해 돈을 아주 잘 버는 30퍼센트의 사람들을 제외한 대부분의 국민이 원하기만 하면 임대 주택에서 살 수 있지요. 이렇게 되면 임대 주택에 사는 사람은 가난한 사람들이라는 낙인이 찍히지 않을 뿐만 아니라 사람들 대부분이 임대 주택에 살기 때문에 임대 주택이 곧 국민 주택이 될 수 있어요.

실제로 2018년을 기준으로 우리나라의 공공 임대 주택의 비율은 전체 주택의 7.1퍼센트 수준이지만, 프랑스는 17퍼센트 정도로 그 비율이 훨씬 높아요. 또한 임대 주택의 질도 우리나라보다 훨씬 좋아요. 우리나라는 싼 주택을 많이 공급하는 것에 중점을 두었기 때문에 공공 임대 주택의 임대료는 저렴한 편이지만 공간의 넓이가 12~18평에 불과했어요. 이 정도면 대개 주방 겸 거실 하나에 침실 1~2개가 있는 구조이니 3~4인 가족이 살기에 부족하겠지요?

하지만 프랑스의 공공 임대 주택은 가족 수에 따라 다양한 혜택을 누릴 수 있는 구조예요. 1인 가구부터 자녀가 많은 5~6인 가족까지 넉넉하게 살 수 있도록 원룸부터 방이 4개 있는 중대형 아파트까지 여러 종류가 고루 있지요. 또한 임대료는 각자 수입에 따라 내는 금액이 달라서 대략 세 종류로 나뉘어져 있어요. 예를 들어 수입이 낮은 사람들은 국가의 보조를 많이 받기 때문에 그만큼 내는 돈도 적어요. 반면 어느 정도 수입이 많은 사람들은 국가의 보조가 적기 때문에 같은 면적이라 해도 남들보다 더 많은 임대료를 내요. 소득 하위 70퍼센트까지 임대 주택 입주가 가능한 것도 바로 이런 임대료 차등 정책이 있기 때문이지요.

사실 우리나라에서 임대 주택의 역사는 대략 35년 남짓으로 무척 짧은 편이에요. 아파트의 역사가 80여 년인 것과 비교하면 절반도 되지 않는 셈이지요. 임대 아파트라고 하면 집 없는 서민들이 거주하는 곳이라고 여기는 시선도 많았지요. 그나마 지금은 우리 주변에서 임대 아파트를 많이 볼 수 있고, 임대 아파트에 대한 인식도 조금씩 바뀌고 있어요. 하지만 아직 비싼 아파트나 단독 주택에 비해 '가치

없는 집'이라는 인식이 많지요. 프랑스처럼 국민 대다수가 공공 임대 주택에 살게 된다면 집값이 집의 가장 큰 가치라는 생각은 사라지지 않을까요?

집의 진짜 가치는 무엇일까?

앞에서 집값과 집의 가치에 대해 생각해 봤어요. 여기서 짚어 봐야 할 문제가 있지요. 애초에 집값이 집의 가치를 좌우할 수 있을까요? 집의 진짜 가치는 대체 무엇일까요? 집에 대한 여러분의 생각에서 시작해 보면 어떨까요?

어딘가에 여행을 가거나 놀러 나갔다가 집에 돌아왔을 때 여러분은 어떤 감정을 느끼나요? 밖에서 아무리 재미있는 일이 있었든, 집에 오면 우리 집이다~ 하는 편안한 기분이 들지 않나요? 집 밖에서나 학교에서 기분 상하는 일을 겪은 날이면 집으로 더 빨리 가고 싶은 마음이 들기도 하고요. 이처럼 '집'은 우리에게 안정감을 주는 공간입니다.

어른들은 '집이 최고다'라는 말을 하기도 합니다. 왜 이런 표현이 생겨났을까요? 다른 사람과 어울려 사회생활을 해야 하는 어른들에게 집은 쉴 수 있는 휴식의 공간이자 편안함과 자유로움을 누리는 공간이기 때문이에요.

집은 휴식처로서의 가치만 있는 것은 아닙니다. 여러분이 집에서 책이나 영화를 자주 본다든가 그림 그리기나 악기를 연주한다면 집은 여러분에게 문화생활 공간으로서 가치가 있어요. 지금껏 만든 적 없는 요리를 부모님과 함께 만든다면 집은 미각 경험을 넓히는 장소로서 가치가 있고요. 좋아하는 사진을 집 안 적절한 곳에 붙이거나 캐릭터 인형이나 포스터 같은 것을 눈에 잘 보이는 곳에 두는 소소한 활동만 해도 '나만의 개성을 표현하는 전시 공간'의 가치가 생겨나죠. 우리가 집에서 새로운 일을 해 보거나 생산적인 활동을 할수록 집은 더 다양한 가치를 지닌 공간이 될 수 있답니다.

가족 수의 변화도 집의 가치에 영향을 줄 수 있어요. 예전에 대식구가 살던 때에는 온 식구가 다 함께 모이는 거실이 가장 중요한 공간이었어요. 그래서 집을 꾸밀 때도 거실을 가장 신경 써서 꾸미곤 했어요. 가족 모두가 둘러앉을 수 있는 소파 세트를 두고 맞은편에 커다란 텔레비전을 두는 것이 일반적인 풍경이었지요.

하지만 1~2인 가구가 증가하면서 거실이 사라지고 있어요. 원룸 형태의 집일 경우 거실과 침실을 구별하기도 어렵고요. 또 혼자 사는 사람이 많아지면서 각자 개성에 맞게 꾸미는 집이 늘고 있어요. 재택근무를 하거나 프리랜서라면 집에서도 업무를 볼 수 있도록 집 안을 사무실처럼 단장해요. 아침 일찍 출근했다가 저녁 늦게 퇴근하는 직장인이라면 집에서는 편안히 잠을 자거나 좋아하는 일을 하며 쉬는 시간을 보낼 수 있도록 꾸미고요. 이 경우 삶의 방식을 담는 공간으로서의 가치를 가진다고 할 수 있지요.

그럼에도 불구하고 여전히 집값을 집의 가장 중요한 가치로 꼽는 사람도 많아요. 틀린 소리는 아니에요. 집값이 높으면 높을수록 경제 재화로서 가치가 높은 건 사실이니까요. 하지만 집의 여러 가치 중에서 단순히 높은 금액만으로 집의 가치를 판단하는 것은 나무만 보고 숲을 보지 않는 것과 같아요. 어떤 사람은 풀과 나무가 보이는 곳이 자신의 집을 찾는 가장 중요한 가치가 될 수 있고요. 누군가는 도서관이 가까운 집을 찾는 사람도 있을 거예요. 또 어떤 이는 조용한 환경을 좋아해서 한적한 곳에 있는 집을 가장 중요한 가치로 여길 수도 있습니다.

이처럼 집의 가치는 그 집에 사는 사람이 완성하는 것은 아닐까요? 여러분에게 집은 또 어떤 가치를 담은 공간이 될 수 있을지 한 번 생각해 보세요.

미국인이 한국에 남긴 영국인의 '성'

사임당, 동궁 그리고 '댁'의 예처럼 우리나라에서 집과 그곳의 사람은 하나로 간주되어 왔어요. 그렇다면 우리나라의 사임당이 다른 나라에 지어져도 같은 의미를 가질 수 있을까요? 반대로 다른 나라 사람들도 우리나라처럼 집과 사람을 하나로 여길까요? 서울특별시 종로구 행촌동에는 이 질문들의 답을 헤아릴 수 있는 집이 한 채 있어요. '딜쿠샤'라는 이름의 집은 우리나라에 있을 것 같지 않은 고풍스러운 서양식 저택이에요. 집의 안주인이 직접 지은 이름인 딜쿠샤는 옛 인도에서 쓰던 산스크리트어로 '기쁜 마음의 궁전'이라는 뜻이지요.

백여 년 전, 딜쿠샤를 짓고 그곳에 살았던 사람들은 미국인 앨버트 테일러 가족이에요. 앨버트 테일러는 일찍이 조선에 들어와 사업을 하면서 삼일운동 독립 선언서와 일제의 제암리 학살 사건을 외국에 널리 알린 AP통신★의 통신원이었어요. 그는 1923년에 이 집을 지은 이래로 1942년 추방령이 내려질 때까지 이십 년 가까이 딜쿠샤에서 살았어요.

★ AP통신(Associated Press)
미국에서 가장 오래된 다국적 비영리 통신사.

딜쿠샤는 붉은 벽돌로 지은 지하 1층, 지상 2층의 집으로 19세기 영국식 주택이에요. 영국식 주택은 1층에는 서재, 응접실, 손님 초대용 식당 등 공적인 영역을 두고 2층에는 침실과 자녀들의 방 등 사적인 영역을 두는 것이 특징이에요. '영국인에게 집은 곧 그의 성이다'라는 말이 있을 정도로 영국 사람들은 자신의 집을 중요시해요. 앨버트 테일러는 미국인이지만, 그가 지은 영국식 저택에는 이런 영국인의 생각이 담겨 있어요. 앨버트는 성을 쌓듯이 벽돌을 하나하나 올려 직접 집을 지었고, 그의 아내인 메리 테일러는 그 집을 예쁘게 꾸몄답니다.

테일러 부부는 어린 아들 브루스를 키우며 딜쿠샤에서 행복한 시간을 보냈지만, 20년이 채 지나기도 전에 비극이 찾아왔어요. 1941년 일본이 미국을 상태로 태평양 전쟁을 벌이면서 당시 조선과 일본에 거주하는 모든 미국인에게 추방 명령이 떨어진 거예요. 결국 테일러 가족이 떠나고 딜쿠샤는 빈집이 되어 버렸어요. 이후 팔일오 광복과 한국 전쟁을 거치면서 딜쿠샤는 대한민국 정부의 소유가 되었지만, 빈집은 낡은 채로 방치되다시피 했어요. 한국 전쟁 때에는 집을 잃은 사람들이 들어와 살기도 했고요.

그렇게 오랜 시간 동안 아무도 이 집에 관심을 두지 않다가 2006년 테일

러 부부의 아들 브루스가 한국을 방문하면서 그 집이 본래 딜쿠샤였음을 세상에 널리 알렸어요. 이후 서울시와 정부는 딜쿠샤를 본래 모습대로 복원하여 2020년 세상에 공개했지요. 지금은 이 특별한 의미가 담긴 집을 보려는 관광객들이 자주 찾는다고 해요.

우리나라의 당호와는 달리, 테일러 부부가 딜쿠샤를 지었어도 부부의 이름까지 딜쿠샤라 부르진 않았어요. 하지만 딜쿠샤에는 영국인들이 집에 갖고 있는 생각과 미국에서 온 테일러 부부의 삶의 방식이 담겨 있어요. 서로 표현 방식은 달라도, 자신이 짓거나 살고 있는 집에 갖는 마음과 그 집의 가치는 어느 나라에서나 같은 것이 아닐까요?

2장

시대, 환경, 문화에
따라 변해 온 집

사람들은 언제부터 집을 짓기 시작했을까?

인류가 최초로 집을 짓기 시작한 시기는 구석기 시대*로

보고 있어요. 하지만 구석기 시대의 인류가 지었던 집은 그저 며칠을 머물 만한 임시 주거지였고, 본격적으로 집을 짓기 시작한 건 신석기 시대*예요. 바로 이때부터 인류는 농사를 지으면서 한곳에 오래 머물러 살기 시작했기 때문이에요.

신석기 시대에 지었던 집을 '움집'이라고 하는데, 만드는 방법이나 형태는 세계 어느 곳이든 거의 비슷해요. 일단 땅을 반쯤 파서 바닥을 평평하게 다진 다음, 나무 뼈대를 세우고 그 위에 짚이나 풀로 지붕을 덮은 뒤 가운데 불을 피웠어요. 형태는 도토리처럼 생긴 원뿔형이 많고요.

그런데 신석기 시대 사람들은 왜 힘들게 땅을 반쯤 파고

34

집을 지었을까요? 맨땅 위에 집을 짓는 게 훨씬 더 쉬웠을 것 같은데 말이죠. 그 이유는 땅의 온기예요. 땅에는 지열이 있어서 땅 위보다 땅속이 더 따뜻하거든요. 그 당시 사람들도 지열이 있다는 것을 알고 겨울에도 집 안을 좀 더 따뜻하게 유지하기 위해 이를 이용했다는 증거지요. 서울특별시 강동구 암사동에는 이러한 신석기 시대의 집터 유적이 지금도 많이 남아 있어요.

나무 뼈대를 짠 뒤 짚이나 풀로 지붕을 덮는 형태, 이게 바로 원시 시대 집 짓기의 기본 형식이라 할 수 있어요. 지금도 오지에는 아주 원시적인 생활을 하는 부족들이 있는데, 이들이 짓는 집도 이와 비슷해요. 짚이나 풀 대신 동물 가죽으로 덮개를 만들기도 하고요. 아메리카 원주민인 인디언들의 전통 집인 '티피'(Tipi)가 바로 이런 형태지요.

신석기 시대의 원형 집터는 청동기 시대*부터는 다른 형태로 발전하게 돼요. 바로 우리가 잘 아는, 가로가 길쭉한 사각형 형태의 집이지요. 사각형으로 집을 지으면 앞뒤로 길쭉

★ **청동기 시대** 구리와 주석을 섞어 만든 청동기를 주요 도구로 사용하고 국가를 이루기 시작한 시대.

하게 늘리면서 더 넓게 지을 수가 있고, 가족이 늘었을 때 건물을 덧붙이거나 공간을 확장하기 쉬워서 더 편해요. 하지만 둥근 집보다는 좀 더 복잡한 건축 기술이 필요하지요.

우선 집의 길이를 결정할 긴 용마루*가 필요하고, 마치 갈빗대처럼 용마루 옆에 붙이는 서까래*가 필요해요. 다시 말해 집을 지을 부재를 용마루와 서까래로 구분해야 해요. 집의 모양이 원형에서 사각형으로 바뀌긴 했지만, 신석기 시대와 마찬가지로 땅을 반쯤 파고 들어가서 집을 지었어요. 그래서 이때의 집은 아직 벽 없이 지붕만 있는 형태였어요.

> ★ **용마루** 건물 지붕 중앙을 가로지르는 수평 부분.
> ★ **서까래** 용마루에서 뻗어 나와 지붕의 뼈대를 이루는 나무.

　이후 철기 시대*가 되면 지붕과 벽체가 구분되기 시작해요. 벽을 만들자면 우선 땅 위에 기둥을 수직으로 꼿꼿이 세워야 하는데,

> ★ **철기 시대** 철을 이용해 튼튼한 도구와 무기를 만든 시대.

이 일이 기술적으로 조금 어려워서 철기 시대에나 가능해졌기 때문이에요. 이제 집은 벽과 지붕으로 구분되면서 더 이상 땅을 반쯤 파고 들어가 지을 필요가 없어졌지요. 벽에는 창문도 낼 수 있어서 실내는 예전보다 훨씬 밝아졌어요. 우리가 아는 집의 기본 형태가 완성된 거예요.

각 나라의 전통 가옥은 왜 모습이 다를까?

신석기 시대의 집들은 지구상 어디나 비슷비슷하게 생겼어요. 하지만 청동기 시대를 거쳐 철기 시대가 되면 지역에 따라서 서로 다른 형태의 집을 짓게 되지요. 왜 지역마다 집의 형태가 달라졌을까요?

지구의 기후는 모두 똑같지 않아서 더운 곳이 있는가 하면 추운 곳도 있어요. 여름과 겨울에 비와 눈이 많이 내리는 지역이 있는가 하면 매우 건조해서 비가 거의 내리지 않는 사막도 있고요. 이렇게 기후가 달라지면 사람들이 사는 집도 달라지게 되지요.

네덜란드, 덴마크, 독일 등 유럽의 서북부 국가나 핀란드, 스웨덴 같은 북유럽 국가의 전통 가옥을 보면 지붕이 뾰족뾰족해요. 60도 정도의 가파른 경사 지붕을 한 집들도 많지요. 이 나라들의 공통점은 겨울에 눈이 아주 많이 온다는 거예요. 비는 지붕의 경사가 급하지 않아도 흘러내리지만, 눈은 흘러내리지 않고 지붕 위에 고스란히 쌓여요. 이렇게 쌓인 눈의 무게가 생각보다 많이 나가서 지붕, 심할 경우엔 집 전체가 무너져 내리기도 하지요. 겨울에 갑자기 눈이 많이 내린 날 축사나 창고, 비닐하우스가 눈의 무게를

견디지 못하고 내려앉았다는 뉴스를 생각해 보면 이해할 수 있을 거예요. 대개 지붕의 경사도가 45도 이상이 되어야 눈이 쌓이지 않고 흘러내리기 때문에 유럽 북부 쪽 전통 가옥의 지붕이 뾰족뾰족해진 거랍니다.

반면 눈은커녕 비조차 거의 내리지 않는 사막에서는 반대 현상이 나타나요. 지붕이 경사져 있지 않고 옥상처럼 평평한 거지요. 사막 지방에서는 비나 눈 대신 뜨거운 햇빛을 피하는 게 훨씬 더 중요한 문제이기 때문에 햇빛을 최대한 적게 받을 수 있도록 평평한 지붕을 선호하지요. 또 가운데 안마당을 둔 ㅁ자 모양의 2층 건물로 짓는 경우가 많은데, 이렇게 하면 안마당은 2층 높이로 인해 항상 그늘이 져서 시원해요. 그래서 사막이 많은 중동이나 아라비아, 북아프리카 지역에서는 지붕이 평평한 ㅁ자 모양의 전통 가옥을 많이 볼 수 있어요.

짧은 시간 동안 엄청나게 많은 비가 오곤 하는 열대우림 지역에서는 특이한 집을 볼 수 있어요. 바로 나무 위에 지은 집이지요. 높은 곳에 지은 집이라는 뜻으로 고상 주거(高床 住居)라고 불러요. 땅 위에 집을 짓는다면 비가 한꺼번에 쏟아져 내릴 때 물이 고여서 바닥이 질척질척해질 거예요. 심할 때는 집이 물에 잠길 수도 있지요. 그래서 비에 잠

기거나 젖을 위험이 덜한 나무 위에 집을 짓는 거예요. 주로 아마존 열대우림에 사는 부족들이 짓지요.

같은 열대우림인 보르네오섬이나 말레이시아에 사는 사람들은 물 위에 집을 짓기도 하는데 이를 수상 주거(水上 住居), 또는 수상 가옥이라고 해요. 대개 강 위에 말뚝을 여러 개 박은 다음 그 위에 집을 짓는 형식이에요. 수상 주거 역시 비가 많이 내렸을 때를 대비하기 위해서예요. 열대우림 지역에서는 뱀이나 지네, 전갈 등 위험한 동물들이 집 안으로 들어올 수 있는데, 나무나 물 위에 집을 지으면 이러한 짐승들이 들어올 수 없다는 장점도 있어요.

반대로 나무나 물이 거의 없는 드넓은 초원 지역의 전통 가옥은 어떨까요? 대표적인 예가 몽골인데 이곳은 너무 건조해서 농사를 지을 수가 없어요. 대신 양과 말을 키우면서 풀밭을 찾아다니는 유목 생활을 해요. 한곳에 정착하여 사는 게 아니어서 '게르'라는 둥그런 천막집을 짓고 살아요. 게르는 가느다란 나뭇가지로 집의 뼈대를 짠 뒤 그 위에 천을 덮은 형태예요. 한곳에서 몇 달을 머물다가 양들이 주변의 풀을 모두 뜯어 먹고 나면 또 새로운 풀밭을 찾아 이동해야 하죠. 그럴 때는 게르도 해체해서 말 위에 함께 싣고 달리다가 또 적당한 풀밭을 발견하면 다시 게르를 세운 다음

양 떼를 방목하는 생활을 반복해요.

북극처럼 1년 내내 꽁꽁 얼어붙어 있는 곳에서도 기후에 맞는 집을 찾아볼 수 있어요. 알래스카에 사는 이누이트의 얼음집, 이글루예요. 알래스카에는 나무가 자라지 못해서 나무로 집을 지을 수가 없어요. 그래서 겨울에는 눈을 뭉쳐서 벽돌 모양으로 만든 다음 눈 벽돌을 쌓아 올려 집을 짓지요. 둥글게 집의 형태를 잡은 다음 바닥에 짐승의 가죽을 깔고 실내에서 모닥불을 피워요. 그러면 실내의 기온이 오르면서 눈 벽돌의 표면이 살짝 녹아요. 그때 다시 모닥불을 끄면 녹았던 표면이 다시 얼어붙으면서 단단해져요. 이러기를 서너 번 반복하면 눈 벽돌의 이글루는 벽돌집처럼 단단해져서 쉽게 무너지지 않아요.

이처럼 인류가 지은 전통 가옥의 형태는 정말 다양해요. 눈이 많이 내리는 지역의 뾰족한 경사 지붕 집, 사막의 평지붕 집, 열대우림의 고상 주거와 수상 주거, 이누이트의 얼음집과 몽골의 게르까지 모두 지구에 존재하죠. 이렇게 다양한 형태의 집이 있는 이유는 기후를 포함한 환경의 차이 때문이고요. 결국 집은 서로 다른 자연환경에 적응하여 살기 위한 인간 지혜의 산물 중 하나인 셈이에요. 여러분은 살고 있는 지역에 맞춰 어떤 집을 짓고 싶나요?

왜 중동 사람들은 땅속에 집을 지었을까?

튀르키예의 카파도키아 지방에는 신기한 주거 유적이 있어요. 땅 위에 집을 지은 것이 아니라 마치 개미가 굴을 파듯 땅을 파고 지어진 집이죠. 이 지역에는 수 미터에서 수십 미터 깊이까지 파내려 가 만든 지하 동굴 집이 40여 개가 넘고, 동굴들은 지하 통로를 통해 서로 연결되어 있어요. 사람이 살 수 있는 집들을 비롯하여 학교와 교회, 식품 저장고와 가공실, 심지어 작은 감옥까지 있으니 하나의 거대한 지하 도시라고도 할 수 있지요. 가장 유명한 지하 유적인 데린쿠유를 포함해 현재 남아 있는 유적을 바탕으로 추측하면 약 100만 명 정도가 지하 도시에서 살았다고 하니 정말 어마어마한 규모지요.

지하 도시가 언제부터 만들어졌는지는 정확히 알 수 없지만 대략 기원전 히타이트 시대부터 지어지지 않았을까 추측하고 있어요. 왜 군이 땅속까지 파내려 가 집을 지었던 걸까요? 학자들은 이 지역 사람들이 춥고 건조한 날씨와 야생 동물들의 공격으로부터 몸을 보호하기 위해 동굴 집을 짓기 시작했을 거라고 생각해요. 지형적인 이유도 한몫했을 거예요. 카파도키아 지역은 건조한 암석 지대라 집의 재료인 나무가 거의 자라지 않는 데다 주변의 암석들이 대부분 물러서 비교적 쉽게 깎을 수 있는 응회암*이거든요. 멀리서 나무를 베어 집을 지을 곳까지 가지고 오는 것보다 땅을 파서 지하로 들어가는 게 더 쉬웠을 거예요.

중동 아라비아반도의 요르단에도 비슷한 유적이 있어요. 바로 '바위'라는 뜻의 이름인 페트라인데, 이름 그대로 바위로 이루어진 거대한 도시랍니다. 고대 아랍 민족 중 하나인 나바테아인들이 왕국을 건설해서 수도를 이곳에 정한 뒤 아름다운 장밋빛의 사암* 지대를 파고 들어가 궁전, 수도원, 원형 극장 등 많은 시설을 갖

춘 도시를 세웠어요. 무려 2,000년 전에 만들어진 것이 믿어지지 않을 정도로 정교하게 바위를 깎아 냈지요. 기계 장비 하나 없이 사람의 힘만으로 거대한 도시를 세웠다는 것이 믿기지 않을 정도예요.

그렇다면 왜 바위를 깎아 집을 지었을까요? 페트라는 요르단의 수도인 암만의 남쪽, 와디 아라바 사막 가장자리에 자리 잡고 있어 예로부터 무역과 문화 교류의 중심지였어요. 지중해와 근동, 아프리카, 인도를 낙타로 오가며 향신료 무역을 하는 상인들의 집결지여서 오래전부터 사람이

많이 살았지요. 하지만 사막 지역이어서 나무가 자라지 않고, 사막의 모래로는 진흙 벽돌도 만들 수가 없어요. 대신 무르고 부드러운 사암이 풍부했지요. 그래서 이 바위를 깎아서 거대한 도시를 만든 거예요.

중국에도 페트라와 비슷한 형태의 동굴 주거인 '요동'(야오동, 窯洞)이 있어요. 중국의 산서성, 섬서성, 영하성, 감숙성 및 내몽골 자치구 등에 분포되어 있지요. 1981년의 조사에 의하면 당시 우리나라 인구와도 맞먹는 약 4,000만 명의 인구가 요동에서 살고 있었다고 해요.

요동이 분포하는 지역은 중국 중부에 넓게 위치한 황토 고원 지대예요. 황토 고원은 아주 오래전에 몽골 사막과 타클라마칸 사막에서 바람에 날려온 황색 모래가 쌓이면서 생겨났어요. 지리적으로 중국의 화북 지역과 서북 지역에 걸쳐 있는데, 기후가 따뜻한 온난대에 속하면서 매우 건조해서 여름을 제외하고는 비가 거의 내리지 않아요.

황토 고원에 자리 잡은 사람들은 두껍게 쌓인 고운 진흙 입자를 수직 방향으로 파고 들어가 인공 동굴을 만든 다음 집을 지었어요. 약 8,000년 전부터 이곳에 사람들이 살면서 동굴 집을 짓기 시작했는데, 처음에는 원시적으로 간단한 형태였다가 나중에는 점점 복잡하고 세련되어졌어요. 일

땅속의 집이라니?

터키의 테린쿠유

지하 8층이라고?

다 합치면 100만 명 정도 살았을걸?

요르단의 페트라

아니! 바위를 어떻게 깎은 거지?

부드러워서 잘 깎이던데요?

중국의 요동

이 집들이 난방 효율이 진짜 좋다고!

오호라~

단 땅을 파서 지하로 내려간 다음 그곳을 안마당으로 삼아서 6~8개의 방을 만들었지요. 당시 중국은 대가족 제도로 살아갔기 때문에 한 가족이라고 해도 많은 방이 필요했거든요. 그리고 이러한 집들이 여러 채 모여서 하나의 마을을 이루지요. 마을의 규모가 커지면서 같은 방식으로 학교, 기숙사, 사무소 등도 생겨났어요.

요동은 굴을 파서 지은 집이라서 겨울에도 따뜻하고 여름에는 시원해요. 특히 황토 고원 지대에는 나무가 자라지 못하는데 겨울에 따뜻하다 보니 땔나무가 많이 필요하지 않아서 친환경적이에요.

튀르키예의 카파도키아 지하 도시, 요르단의 페트라, 중국의 요동의 공통점은 나무가 자라지 않고 건조해서 진흙 벽돌도 만들 수 없다는 점이에요. 대신 주변에 응회암, 사암, 진흙층 등 무르고 부드러운 바위 지형이 있어 파내기가 쉽지요. 그래서 수직이나 수평으로 파고 들어가서 집과 도시를 건설할 수 있었어요. 앞서 살펴본 세계 여러 나라의 전통 가옥처럼 자연환경에 적응하면서 이를 그대로 이용한 셈이지요.

문화에 따라 달라진 한·중·일 전통 주택

기후, 지형 같은 환경뿐만 아니라 문화도 집의 형태에 영향을 미쳐요. 예를 들어 한국과 중국, 일본은 지리적으로 가깝고 기후도 비슷하지만 서로 문화가 달라요. 그뿐만 아니라 옷차림과 음식도 서로 다르죠. 세 나라의 전통 가옥에는 이 차이점이 어떻게 반영되어 있을까요? 각 나라의 가족 관계와 사회 구조를 먼저 알면 더 이해하기 쉽습니다.

한국의 전통적인 가족 관계는 할아버지와 할머니, 어머니와 아버지, 아들과 며느리, 손자, 손녀까지 모두 다 한집에서 함께 사는 대가족 제도였어요. 그뿐만 아니라 유교적 가르침에 따라 삼강오륜이라는 사회질서가 있었어요. 삼강오륜 중에서 가족 관계와 관련된 항목을 살펴보면 아버지와 아들은 서로 친하게 지내야 한다는 부자유친, 남편과 아내는 서로 구별이 있어야 한다는 부부유별, 윗사람과 아랫사람은 서로 순서가 있어야 한다는 장유유서 등이 있어요. 조선의 전통적인 사대부가*는 이러한 생활 규범에 따라 지어졌어요.

★ **사대부가** 조선 시대 양반이나 벼슬이 높은 사람인 사대부들이 사는 집.

부부유별의 원칙에 따라 안채와 사랑채를 따로 지어서 할아버지와 아버지, 아들 등 남자들은 사랑채에서 지내고, 할머니와 어머니, 며느리 등 여자들은 안채에서 생활했어요. 또한 부자유친, 장유유서의 원칙에 따라 아버지는 사랑채 안에서도 큰 사랑방, 아들은 작은 사랑방을 사용했어요. 할아버지가 아예 별채에 머물기도 했고요. 한편 안채에서는 어머니가 가장 크고 좋은 방인 안방을 사용하고, 며느리는 건넌방을 사용했어요. 할머니는 좀 더 조용한 뒷방에 머물렀고요.

뿐만 아니라 남자, 여자는 일곱 살이 되면 한자리에 같이 있을 수 없다는 남녀칠세부동석의 원칙을 따라야 했어요. 남자아이도 어릴 때는 안채에서 지내다가 일곱 살이 되면 사랑채에 나와서 글공부를 시작했어요. 여기에 하인들이 생활하는 공간인 행랑채를 더하면 우리나라 사대부 집안의 전통 가옥 형태가 완성되지요.

중국의 가족 제도는 우리나라와 비슷해 보여도 차이점이 있어요. 우리나라는 결혼을 하면 장남과 장손만 계속 집에 남아 있고 둘째 아들부터는 분가*했지만, 중국에서는 둘째도 셋째도 분가를 하지 않아요. 물론 딸은 결혼을 하면 시집에

★ **분가** 자식들이 결혼 후 원래 살던 집을 떠나 새로운 집에서 가정을 꾸리는 일.

들어가 살겠지만 아들은 결혼을 해도 계속 그 집에 머물러 살면서 아이를 낳아 길러요. 게다가 중국은 '나'를 기준으로

위로는 아버지와 할아버지, 아래로는 아들과 손자까지 모두 다섯 세대가 한집에서 함께 사는 것, 이른바 '5대 동락'을 가장 큰 행복으로 생각했어요. 다시 말해 친척들이 모두 한집에서 살았다고 할 수 있는데, 이 많은 사람이 살기 위한 집이 바로 베이징의 사합원(四合院)이에요. '네 개의 건물이 마당을 중심으로 들어선 집'이라는 뜻이지요.

중국에서는 마당을 원자(院子)라고 하는데, 이 원자를 중심으로 맨 위에는 정방, 좌우로 상방 그리고 맞은 편에 도좌방이라고 하는 건물이 있어요. 하나의 마당을 중심으로 4채의 건물이 마주 보고 있는 것을 1진(一進)이라고 하는데, 이러한 1진이 앞뒤로 2개 붙은 것을 2진 사합원, 3개 붙은 것을 3진 사합원이라 불러요. 가장 안쪽에 있는 1진의 정방에는 가장 나이 많은 할아버지가 살고, 양쪽의 상방에는 작은 할아버지의 가족들이 살아요. 그다음으로 나오는 2진의 정방에는 큰아버지 가족, 양쪽의 정방에는 작은아버지의 가족들이 살아요. 그리고 마지막 3진에는 아들과 손자들이 살겠지요. 이처럼 세대별로 서로 나누어 사는 것이 사합원의 특징이에요. 5대 동락이라는 대가족에 적합한 집이라는 것을 알 수 있어요.

가족 관계가 우선인 한국과 중국의 전통 가옥과 달리,

일본의 전통 가옥에는 사회 구조가 더 강하게 반영되어 있어요. 과거의 일본은 '쇼군'이라 불리는 장군을 중심으로 휘하의 무사들이 지방의 농민을 지배했어요. 가족 관계도 조금 달라서 중국이나 한국과 같은 대가족은 드물었어요. 대신 장군이나 무사들은 자기 휘하의 많은 부하 무사를 거느리고 한집에서 살았어요. 무사의 수는 적게는 수십 명에서 많게는 수백 명에 이르렀어요. 따라서 이 많은 무사가 한데 모이고 훈련도 받을 넓은 집이 필요했는데, 이를 '무사의 집'이라는 뜻으로 무가(武家)라고 불렀어요. 많은 무사가 한자리에 모일 수 있도록 집 내부에는 이렇다 할 벽이 없었고 그저 큰 마루가 많았는데 이를 주전(主殿) 또는 침전(寢殿)이라 불렀어요. 그리고 이런 주택을 주전조 주택 또는 침전조 주택이라 했어요.

중세 일본은 무사들끼리 끊임없이 전쟁을 벌였지만 16세기 무렵 일본 본토가 어느 정도 통일되면서 17세기부터는 평화가 찾아와요. 장군과 무사들은 이제 전쟁을 벌이는 대신 책을 읽으며 교양을 쌓고 다도와 꽃꽂이 등의 취미 생활을 시작해요. 그러면서 책을 읽는 방이자 우리나라의 사랑방과 비슷한 서원(書院)을 따로 두는 것이 크게 유행해요. 또한 다도가 유행하면서 집 안에 차를 즐기는 공간인 다실을 설치하는 것도 유행해요. 과거와 같이 무사들이 모이던 넓은 마루 대신 서원과 다실 등 고급 취미를 위한 방을 따로 마련한 집을 서원조 주택이라 불러요. 요약해 보면 조선의 사대부가, 중국의 사합원, 일본의 주전조, 침전조, 서원조 주택 등은 모두 그 나라의 가족 제도와 사회상을 보여 준다고 할 수 있어요.

구석기 시대 동굴은 집일까, 아닐까?

"구석기 시대의 사람들은 어떤 집에서 살았을까요?"라고 질문하면, 답변자 대부분은 "동굴에서 살았을 것이다"라고 대답해요. 왜냐하면 구석기 시대의 유적이 발굴되는 곳이 주로 동굴 속이니까요. 스페인의 알타미라 동굴, 프랑스의 라스코 동굴에 동물의 모습을 그린 벽화가 있는데 이들이 바로 구석기 시대의 유적으로 알려져 있어요. 우리나라에도 구석기 시대의 유적은 주로 동굴 속에서 발견되기 때문에 구석기 시대 사람들은 동굴에서 살았다고 생각하기 쉬워요.

그런데 구석기 시대 사람들이 정말 동굴에서만 살았을까요? 물론 이것도 틀린 말은 아니지만 더 정확히 말하면 구석기 시대 사람들은 나무 밑에 임시로 만든 거처에서 살았어요. 대개 개나리처럼 가늘고 잘 휘어지는 관목✸

✸ **관목** 키가 작고 덤불을 이뤄 자라나는 나무.

을 좌우로 엮어서 간단한 형태의 집을 지었어요.

구석기 시대의 사람들은 나무 열매를 따 먹고 토끼나 오리와 같은 작은 짐승을 사냥했기 때문에 한곳에 오래 머무르지 않고 이동하면서 생활했어요. 짧게는 사나흘을 보내거나 길어도 한 달 정도 살다가 새로운 먹을거리를 찾아서 이동했지요. 그래서 며칠 동안 지낼 만한 은신

처를 주변의 나뭇가지와 풀 등을 이용해 간단하게 지었어요.

이런 집들이 과연 오랫동안 유지되었을까요? 오래 남아 있지 못했을 거라는 생각이 들었다면, 정답이에요. 이런 집들은 구조가 너무 간단해서 유적도 오래 남기 어려워요. 대신 일부 동굴에서 살았던 사람들은 자신들이 쓰던 돌도끼와 돌칼을 유적으로 남길 수가 있었어요. 동굴 속에 있던 석기와 불을 피웠던 흔적 등은 아주 오랜 시간이 지나도 그대로 남아 있을 가능성이 높으니까요. 다시 말해 구석기 시대의 유적이 집터가 아닌 동굴 속에서 발견될 가능성이 더 높지요.

그렇다면 구석기 시대의 모든 사람이 과연 동굴에서 살았을까요? 섬세하고도 정교한 솜씨로 그림을 그린 알타미라 동굴 벽화와 라스코 동굴 벽화를 생각해 보세요. 그려진 그림들은 주로 그들이 사냥해서 잡았던 들소, 사슴이 많아요. 구석기 시대 사람들이 동굴 안에 이러한 그림을 그린 이유가 무엇일까요? 여러분의 생각은 어떠한가요? 사냥에 성공해서 이런 짐승을 많이 잡게 해 달라고 또 이렇게 커다란 짐승을 사냥할 때 죽거나 다치는 사람이 없게 해 달라고 하늘에 빌었을 가능성이 높아요. 여럿이 모여서 소원을

빌던 곳, 그래서 알타미라 동굴이나 라스코 동굴은 집이라기보다는 원시적

이기는 해도 집회 시설이자 종교 시설일 가능성이 높아요.

3장

왜 많은 사람이
아파트에 살게 된 걸까?

아파트라는 이름은 언제부터 썼을까?

여러분은 어디에서 살고 있나요? 빌라나 단독 주택에 사는 친구도 있겠지만 많은 친구가 아파트에 살고 있을 거예요. 현재 우리나라 국민의 3분의 2 정도가 아파트에 거주하고 있을 만큼 나라 곳곳에 고층 아파트가 많아요. 하지만 불과 50년 전만 해도 단층의 일반 단독 주택이 훨씬 많았어요. 그렇다면 우리나라에는 왜 아파트가 많을까요? 그 까닭을 알아보기 전에 먼저 아파트는 언제부터 있었는지 살펴볼게요.

아파트는 어느 나라에서 갑자기 생긴 것이 아니라 영국과 프랑스에서 여러 발전 단계를 통해 현재에 이르렀어요. 아파트라는 이름은 영어 아파트먼트(apartment)의 줄임말인데, 이 때문에 미국이나 영국에서 생겨났을 거라고 여기겠지만 실은 프랑스에서 가장 먼저 사용한 말이에요.

16~17세기 프랑스 귀족들의 집은 '오텔'(hôtel)이라 불렸어요. 요즘처럼 여행을 가서 묵는 호텔이 아니라 '집'이라는 뜻을 가진 말이었지요. 당시 프랑스 귀족들은 한집에 같이 사는 식구들이 아주 많았어요. 자녀도 서너 명씩 되었고 아직 결혼하지 않은 고모와 삼촌도 모두 함께 사는 대가족이었으니까요. 게다가 아이들을 위한 보모와 가정교사, 비서, 하인과 하녀까지 함께 살았지요. 이렇게 수십이나 되는 식구들이 다 함께 살 만큼 오텔의 규모는 컸어요.

크고 넓은 오텔은 용도에 따라 몇 개의 공간으로 나뉘어져 있었어요. 이 공간을 아파르트망(appartement)이라 불렀지요. 예를 들어 아버지가 평소에 머무는 서재, 많은 손님을 초대해 함께 식사를 하는 식당, 다 함께 이야기를 나누는 연회실 등으로 이루어진 공간들을 아파르트망 드 파라디(appartement de parade, 과시적 공간)라 불렀어요. 피아노방, 친구와 친척을 초대해 이야기를 나누는 방, 집안일을 하는 방 등 주로 어머니가 사용하는 공간들은 아파르트망 드 소시에티(appartement de société, 친교적 공간)라고 불렀고요. 침실, 화장실, 의상실 등으로 이루어진 공간은 아파르트망 드 코모디티(appartement de commodité, 개인적 공간)라고 불렀지요.

그런데 1789년에 프랑스 대혁명이 일어나고 시민들이 자신들의 대표를 직접 뽑아 국가를 다스리는 공화정이 세워지며 왕족과 함께 귀족들이 없어져요. 귀족들이 살던 커다란 오텔도 주인을 잃고 텅텅 비게 되었어요. 한편 이 시기부터 프랑스에는 '부르주아'라 불리는 신흥 중산층이 등장해요. 이들은 평민이었고 부모와 자녀로 이루어진 핵가족이었기 때문에 오텔처럼 크고 넓은 집이 아닌 작은 집이 필요했어요. 그래서 커다란 오텔을 아파르트망별로 나누어서 살았어요. 다시 말해 한 채의 오텔 안에 서너 가족이 각각 아파르트망 하나씩에 나뉘어 살았던 거죠. 그러다가 나중에는 아예 처음부터 세를 줄 목적으로 층별로 서로 다른 세대로 나뉜 집을 지었어요. 이것이 바로 아파트의 시작이라 할 수 있지요. 물론 프랑스의 아파르트망은 현재 우리나라의 아파트와는 생김새가 조금 다르지만, 한 건물 안에 서로 다른 가족들이 층별로 나뉘어 살았다는 점에서 아파트의 할아버지 격이라 할 수 있어요.

지금도 프랑스 파리에는 이런 아파르트망이 아주 많아요. 높이는 대략 7층 정도로 그다지 고층은 아니에요. 1층에는 대부분 카페나 식당, 가게 들이 있고 2층부터 6층까지가 아파트이며 7층에는 원룸으로 구성된 다락방이 있지요. 우리의 시각으로 보면 아파트라기보다는 상가 주택이나 빌라와

비슷하지만, 서로 다른 세대가 거주한다는 점에서 아파트의 한 종류에 해당해요.

프랑스에서 처음 생겨 난 아파르트망이라는 말은 영국과 미국으로 건너가 아파트먼트가 되었고, 우리나라에서는 아파트라 줄여 부르고 있어요. 아파르트망, 아파트먼트, 아파트의 공통점이 무엇인지 알아차렸나요? 바로 한 건물에 많은 사람이 모여 산다는 점이에요. 그렇다면 많은 사람이 모여 살게 된 또 다른 이유는 없을까요?

공동 주택은 산업혁명 때문이라고?

아파트는 하나의 건물을 여러 가족이 나누어 사용하는 공동 주거라 할 수 있어요. 이처럼 본래 하나이던 것을 여럿이서 공동으로 사용하려면 우선 도시에 인구가 많아져야 해요. 도시에 사람들이 몰려드는 이유가 무엇이었을까요? 그 이유는 인류의 역사를 바꾼 산업혁명에서 찾을 수 있어요.

19세기 영국에서 산업혁명이 시작되며 사람이 힘으로 하던 일을 기계의 힘을 빌려 하게 되었어요. 물건을 생산하는 능률이 많이 오르면서 곳곳에 크고 작은 공장들이 들어섰어요. 당시의 공장들은 수력 발전기를 통해 전력을 공급받았기 때문에 대개 발전소 옆에 함께 있었어요. 그러다 보니 공장과 발전소가 모여 대규모 공단을 이루는 신흥 공업 도시들이 생겨났는데 맨체스터, 버밍엄, 리버풀 등이 그런 공업 도시였지요.

공업 도시들이 생기자 일자리를 찾아서 사람들이 몰려들었어요. 그런데 이들이 살 만한 집들이 몹시 부족해서 할 수 없이 셋방살이를 했어요. 단칸방에 6~7명이나 되는 가족이 함께 살아 아주 비좁고 불편했지요. 부엌이 부족해서 방 안에 난로를 놓고 음식을 만들다가 불이 나기도 했고, 화장실이 부족해서 골목길에서 소변을 보기도 했어요. 그 오물은 지하로 흘러들어 가 우물물을 더럽혔는데, 이렇게 더러운 물을 마신 사람들은 콜레라*에 걸려 목숨을 잃기도 했어요. 창문이 없어 햇빛이 들지 않는 어둡고 습한 지하 단칸방

> ★ **콜레라** 콜레라균에 감염되어 고열, 탈수, 설사 등에 시달리다가 심할 경우 사망하게 되는 급성 감염병.

에서는 결핵 같은 전염병이 나돌아 많은 사람이 죽었고요. 그래서 19세기 영국 맨체스터와 같은 공업 도시 사람들의 평균 수명은 27세 정도였어요.

이것은 커다란 사회 문제가 되었고, 대규모 공장을 운영

해 큰돈을 벌었던 사장들은 반성하게 되었어요. 노동자들이 일한 대가로 사장과 그 가족들은 부자가 되었지만, 정작 일하는 노동자들은 너무 힘들고 가난하게 살았기 때문이죠. 우선 노동자들이 건강하고 행복해야 공장에서도 열심히 일할 수 있겠죠? 그래서 선량한 공장주들이 공장 노동자를 위해 크고 훌륭한 기숙사를 지었어요.

대표적인 예가 프랑스 북부의 작은 마을 기즈(Guise)에 있는 '파밀리스테르'예요. 이 건물을 지은 앙드레 고댕(André Godin)은 1840년 무렵 철제 난로를 만드는 공장을 지어 큰돈을 벌었어요. 그리고 1859년 공장 옆에 큰 기숙사 마을인 파밀리스테르를 지었어요. 파밀리스테르의 겉모습은 마치 베르사유 궁전과 비슷했는데, 500개의 아파트로 이루어져서 1,600~2,000명 정도의 사람이 살 수 있었어요. 뿐만 아니라 파밀리스테르 안에는 공장 사람들이 이용할 수 있는 극장, 학교, 세탁소, 수영장 등도 있었어요. 공장에서 일하는 사람들은 이 아파트에 들어와서 매달 약간의 관리비만 내면서 살았으니, 현재 우리가 사는 아파트라기보다는 가족 단위로 거주하는 공장 기숙사와 비슷했어요. 하지만 파밀리스테르는 대규모 공동 주택이었다는 점에서 아파트의 역사에서 중요한 자리를 차지하고 있어요.

좁은 땅에 많은 사람이 살게 하자!

앞서 이야기했던 프랑스의 아파르트망과 파밀리스테르는 공동 주택이라는 점에서는 아파트에 속하지만, 현대의 아파트와 조금 차이가 있어요. 지금의 아파트와 비슷한 형태가 시작된 것은 프랑스의 항구 도시 마르세유에 '유니테 다비타시옹'이 세워지면서부터예요. 현대적인 아파트의 시초라고 할 수 있지요. 유니테 다비타시옹의 설계자는 근대 건축의 아버지라 불릴 정도로 유명한 프랑스 건축가인 르코르뷔지에예요.

옛날에 지어진 건축물과 요즘에 지어지는 건축물은 한눈에도 달라요. 프랑스의 베르사유 궁전이나 루브르궁 등은 몹시 화려하지만, 요즘의 건축물은 장식이 별로 없고 직육면체 형태가 많지요. 건축물이 왜 이렇게 변했을까요? 건축 기술이 옛날보다 퇴보했기 때문일까요? 그렇지 않아요. 건축물에 대한 생각이 바뀌었기 때문인데, 이 생각을 바꾼 것이 바로 르코르뷔지에지요.

19세기 이전까지 건축가들은 왕과 귀족, 부자 들을 위한 집과 궁전을 주로 설계했어요. 이런 집들은 숙련된 장인들이 하나하나 손으로 정성 들여 지었기 때문에 집 한 채를 짓는 데 많은 시간이 걸리고 돈도 많이 들었어요. 외부는 아름답고 화려했지만 내부 구조는 비슷비슷해서 넓은 홀과 큰 방이 여러 개 있을 뿐이었어요.

그런데 20세기 초반 르코르뷔지에가 "주택은 살기 위한 기계다"라는 말을 남겨요. 외부의 화려한 장식 대신 사람이 쓰기에 편리한 기능이 더 중요하다는 뜻이었어요. 기계는 인간 생활에 꼭 필요한 도구이면서 장식보다 쓰임새가 더 중요하지요? 마찬가지로 주택도 장식보다는 쓰임새가 더 중요하고 살기 위해 꼭 필요한 도구라는 말이었어요. 르코르뷔지에가 건축에 대한 생각을 바꾼 순간이지요.

르코르뷔지에는 1940~1950년대에 가장 왕성하게 활동했는데, 이때는 유럽에서 제2차 세계 대전이 끝나고 모든 물자가 부족하던 때였어요. 폭격으로 많은 집이 불에 탔기 때문에 집들도 많이 부족한 상황에서 얼른 빨리 많은 주택을 지어야 했어요. 이때 르코르뷔지에는 많은 사람이 한꺼번에 집을 구할 수 있도록 유니테 다비타시옹이라는 새로운 아파트를 설계했어요. 과연 지금의 아파트와 비슷했을까요?

★ **필로티** 2층 이상의 건물 전체 또는 일부를 벽면 없이 기둥만으로 떠받치고 지상층을 개방시킨 구조의 건축물이나 그러한 공법.

일단 아파트가 커다란 필로티(Pilotis)★를 통해 공중에 떠

있었어요. 요즘 자주 볼 수 있는 필로티는 르코르뷔지에가 주장했던 근대 건축의 5가지 원칙 중 하나예요. 건물을 지으려면 우선 땅이 있어야겠지요? 르코르뷔지에는 땅은 한정된 자원이자 햇빛, 공기, 물과 같이 우리 모두가 공동으로 소유하는 자원이라고 생각했어요. 그렇다면 땅을 되도록 많이 차지하지 않고 어떻게 큰 아파트를 지을 수 있을까요? 르코르뷔지에는 커다란 필로티를 사용해 아파트를 땅 위에 띄워서 짓는 방법을 생각했어요. 그리고 땅은 모두 푸른 잔디밭으로 만들어 모든 사람에게 개방했지요.

아파트는 12층 건물이었는데 가로 너비가 137미터로 매우 긴 편에 속했어요. 5층에는 입주민을 위한 상점이 있었고, 옥상에는 어린이들을 위한 유치원이 있었어요. 특히 옥상에는 수영장과 놀이터까지 있어서 이 아파트에 사는 어린이들은 밖으로 나가지 않고 옥상에 있는 유치원에 다닐 수 있었죠. 아파트는 337개의 개별 집이 있어서 1,600명 정도의 사람이 살 수 있었어요. 각 아파트의 내부에는 거실과 주방, 개별 침실이 있어서 요즘의 아파트와 매우 비슷했어요. 게다가 신기하게도 1인용의 소형 아파트부터 여덟 식구가 살 수 있는 대형 아파트까지 모두 23개 타입의 아파트가 마련되어 있어서, 입주민들이 자신의 가족 규모에 맞는 아파트를 고를 수 있었어요.

또한 이 아파트에는 르코르뷔지에가 고안한 '모듈러 시스템'이 적용되었어요. 규격화된 시스템이란 뜻이지요. 옷이 자기 몸에 꼭 맞아야 활동하기 편하다고 느끼지요? 르코르뷔지에는 집도 마찬가지로 신체 치수에 맞아야 사용하기 편리하다고 생각했어요. 그래서 키가 180센티미터인 성인 남자를 기준으로 해서 계단 높이, 복도 너비, 방 넓이는 물론 싱크대 높이, 책상 높이 등을 정했어요. 그때 정해진 수치들이 대부분 현재 아파트에도 그대로 적용되고 있어요.

그뿐만 아니라 요즘의 아파트들이 1~2층을 필로티를 이용해 공중에 띄운 후 그 아래 공간을 자전거 거치대, 유모차 보관소 등으로 사용하는 것도 르코르뷔지에의 아이디어를 따온 거예요. 또 단지 안에 어린이집과 유치원, 슈퍼마켓과 상점이 있는 것 등도 비슷해요. 이처럼 르코르뷔지에가 유니테 다비타시옹에서 제안한 여러 아이디어는 지금의 아파트에도 그대로 적용되고 있어요. 그래서 유니테 다비타시옹을 근대적 아파트의 시초로 본답니다. 여러분이 살고 있는 아파트에서도 르코르뷔지에의 아이디어를 찾아볼 수 있을 거예요.

우리나라에 아파트가 많은 이유는 무엇일까?

우리나라에 처음 아파트가 들어온 시기는 1950년대예요. 1950년에 한국 전쟁이 일어나 1953년에 휴전이 될 때까지 전쟁 통에 많은 집이 파괴되었어요. 프랑스에서 제2차 세계 대전이 끝나고 집이 많이 부족해지자 유니테 다비타시옹을 지었다고 했지요? 우리나라도 마찬가지였어요.

한국 전쟁이 끝나고 5년이 지난 1958년, 서울특별시 성북구 종암동에 우리나라 최초의 분양식 아파트인 종암 아파트가 지어져요. 5층 높이에 엘리베이터 없이 계단만 설치되어 있던 3개 동짜리 작은 아파트인데다 집 크기도 18평 이하로 작았지만, 당시 중산층부터 부유층까지 거주하는 최고급 거주 공간이었어요. 1964년에는 서울특별시 마포구 도화동에 우리나라 최초의 단지식 아파트인 마포 아파트가 지어졌어요. 6개 동에 642세대가 있었으니 당시에는 대단지에 속했지만 집은 여전히 18평 이하의 좁은 면적이었어요.

그러다가 1970년대부터는 아파트가 고층화되기 시작해요. 한강 변에 지어진 여의도 시범 단지 아파트와 반포 아파트 단지는 높이 10층으로 엘리베이터가 처음으로 설치되었어요. 또 20평에서 42평까지 되는 대형 평수가 들어서면서

점차 아파트가 고급화되었어요. 1990년대에는 서울 주변에 분당, 일산 등의 신도시가 등장하면서 아파트가 20~30층까지 지어졌고요.

그러다가 2000년대가 되면 또 한번 큰 변화가 일어나요. 바로 초고층 주상 복합 아파트의 등장이지요. 주상 복합은 주거 시설(아파트)과 상업 시설(상점, 사무실)이 한 건물 안에 같이 있다는 뜻이고, 초고층은 대개 60층 이상의 건물을 말해요. 다시 말해 초고층 주상 복합은 1~2층에 상점이 있고, 그 위층으로는 아파트가 있는 60층 이상의 아파트 건물을 뜻해요. 이 전망 좋은 건물에 60평에서 90평까지 넓은 집들만 있는 고급 중에서도 고급 아파트들이었지요.

우리나라 아파트가 갖는 가장 큰 특징은 구조가 매우 비슷하다는 거예요. 방 3개에 주방과 거실이 있는 전용 면적 85제곱미터의 아파트를 흔히 국민 주택이라 불러요. 이보다 면적이 더 작은 아파트도 구조는 같은 경우가 많아요. 그렇다면 왜 방 3개가 아파트의 평균 구조가 된 걸까요? 그 이유는 부모와 2명의 자녀로 이루어진 4인 가족을 기준으로 설계했기 때문이에요.

현재 우리나라는 아이를 너무 적게 낳는 저출산 문제로 고민하고 있지만 1950~1960년대에는 아이를 너무 많이 낳는 것이 문제였어요. 집마다 5~6명의 자녀를 낳아 기르다 보니 모든 것이 부족해서 아이들을 모두 대학까지 공부시키기가 어려웠지요. 그래서 나라에서는 아이를 너무 많이 낳지 말고 적당히 낳아서 잘 기르자는 취지의 가족계획 정책을 폈어요. 평균적인 인구를 유지하기 위한 적당한 자녀 수는 2명이기 때문에 당시 정부에서는 '딸 아들 구별 말고 둘만 낳아 잘 기르자'라는 표어를 내걸었지요. 그렇게 엄마, 아빠와 2명의 자녀로 이루어진 4인 가족이 국가가 생각하는 가장 이상적인 가족 형태가 되었어요.

가족계획은 주택에도 영향을 끼쳤어요. 1950~1960년대는 물론 1970~1980년대까지도 우리나라는 전반적으로 주택이 몹시 부족했어요. 한국 전쟁의 피해를 복구하면서 급격한 공업화로 인해 서울과 부산 등 대도시로 인구가 몰렸기 때문이에요. 정부는 부족한 주택 문제를 해결하기 위해 계속 아파트를 지어 공급했는데, 이때 기준이 된 것이 4인 가족이었어요. 부모가 사용할 안방과 자녀가 사용할 각자의 방, 이렇게 방 3개에 거실과 주방을 붙인 형태가 4인 가족에게 가장 적당한 형태라고 본 거죠. 다시 말해 '둘만 낳아 잘 기르자'는 가족계획을 건축적으로 만들어 낸 것이 방 3개짜리 아파트였답니다.

1980~1990년대 들어 가족계획이 성과를 거두면서 우리나라는 4인 가족이 가장 많아졌고 주택 정책을 포함한 모든 국가 정책의 기준이 4인 가족이 되었어요. 이를테면 4인 가족의 한 달 생활비는 얼마인가를 기준으로 경제 정책을 수립하는 식이었지요. 그런데 1990~2000년대부터 서서히 자녀 수가 줄기 시작했어요. 외동아이가 많아지는가 싶더니 아예 아이가 없는 집도 생겼어요. 그러면서 4인 가족 대신 3인 가족, 2인 가족이 늘어났고 혼자 사는 1인 가구도 증가했어요. 현재는 '4인 가족 기준'이라는 말이 무색하게 1~2인 가구가 훨씬 더 많아요. 하지만 이들을 위해서 방 1개와 거실 겸 주방으로 이루어진 작은 아파트를 따로 짓지는 않아요. 10평대의 소형 평수여도 되도록 방 3개로 구성하고 있지요.

왜 1인 가구를 위한 아파트를 짓지 않을까요? 그 이유는 크게 두 가지로 생각해 볼 수 있어요. 아파트를 비롯한 모든 건축물은 한번 짓고 나면 상당히 오랜 기간 사용해요. 대략 40~50년은 거뜬히 사용하기 때문에 지금의 유행에 맞추기보다는 장기적인 시각으로 접근해야 해요. 지금은 독신이나 자녀 없는 가정 등 1~2인 가구가 증가하고 있지만, 정부는 꾸준히 2명의 아이 낳기를 목표로 여러 가지 정책을 지원하고 있어요. 그 정책이 정말로 성과를 거두어 다시 3~4인 가정이 증가할 때를 대비해야 해요. 아파트는 몇 년 사용하다가 헐고 다시 지을 수 없기 때문에 장기적인 미래 계획도 염두에 두어야 하고요. 1~2인 가구가 방 3개의 아파트에서는 살 수 있지만, 3~4인 가구가 방 1개의 아파트에서 사는 건 힘들어요. 그러니 방이 남더라도 2~3개의 침실은 기본적으로 확보해 두어야 해요.

두 번째는 1~2인 가구를 위한 별도의 공동 주거 공간이 존재한다는 점이에요. 오피스텔, 도시형 생활 주택이 대표적이지요. 오피스텔은 사무실을 뜻하는 '오피스'와 호텔의 '텔'을 결합해 만든 용어로, 주로 재택근무를 하는 1인 가구를 위해 만들어진 업무 시설 겸 주거 시설이에요. 본래는 사무실 용도지만 많은 사람이 1~2인 가구를 위한 주거 시설로 사용하고 있지요. 주로 번화한 역세권 지역에 짓는 소형 주택인 도시형 생활 주택도 마찬가지로 1~2인이 살기 적합한 작은 원룸 구조로 이루어져 있지요. 이처럼 1~2인 가구를 위한 주거 공간이 따로 있는 것도 방 1개짜리 아파트를 굳이 짓지 않는 이유랍니다.

아파트의 본고장이라 할 수 있는 유럽에서는 아파트를 서민 주택이라고 여겨요. 하지만 우리나라의 아파트는 중산층이나 부유층의 주거지라는 인식이 더 강하지요. 유럽과 우리나라의 인식이 왜 이렇게 서로 다를까요? 여기에는 몇 가지 이유가 있는데, 우선 정책적인 면이 가장 커요.

파밀리스테르는 노동자를 위한 기숙사였어요. 유니테 다비타시옹도 항구 도시인 마르세유의 항만 노동자들이 주로 살았고요. 이처럼 유럽에서 아파트는 국가나 지자체에서 시행하는 임대 사업의 하나로서 집 없는 서민들을 위한 임대 아파트로 지어졌어요. 하지만 우리나라는 아파트가 처음 지어지던 1950~1960년대는 물론 1970~1980년대까지 주로 분양 아파트 위주로 지어졌어요. 대기업에서 지어 파는 상품이다 보니 소비자의 눈높이에 맞춰서 갈수록 고급화하는 전략을 썼고요. 우리나라의 아파트가 점차 고급화되고 고층의 대단지 시설로 변하며 중산층의 대표적 주거가 된 것은 이 때문이었어요.

특히 아파트가 처음 들어올 때는 입식 부엌, 수세식 화장실 등 새로운 시설이 많았어요. 1950~1960년대만 해도 우리나라는 재래식 화장실에 재래식 부엌이 많았으니 아파트는 그야말로 편리하고 깨끗한 집이었던 것이지요. 이처럼 '서양에서 들어온 새롭고 편리한 집'이라는 인식과 함께 대학교수, 연예인 등이 많이 살다 보니 '아파트는 좋은 것'이라는 인식도 함께 자리 잡았어요. 이제 우리나라는 아파트를 주거지로 가장 많이 짓는 나라 중 하나일 뿐만 아니라 세계에서도 손꼽히게 아파트 가격이 비싼 나라가 되었어요.

세계 최초의 아파트, 로마의 인술라

유럽에서 아파트의 역사는 생각보다 오래되었어요. 역사상 세계 최초의 아파트로 고대 로마 제국의 인술라(Insula)를 꼽아요. 지금으로부터 대략 2,000년 전, 로마 제국은 남부 유럽 대부분의 지역을 식민지로 거느리면서 매우 크고 부유해졌어요. 로마는 국제 도시로 성장하면서 일자리를 찾아 많은 사람이 몰려들면서 주택이 부족하게 되었어요. 인구 밀도가 높아지면 좁은 땅에 많은 집을 짓기 위해 아파트가 등장한다고 했지요? 로마에서도 바로 이런 일이 일어났어요.

본래 로마의 부자들은 도무스(Domus)라고 하는 단독 주택을 짓고 살았는데, 인구가 늘어 주택이 부족해지자 도무스를 개조해 세를 주기 시작했어요. 그러다가 아예 세를 더 많이 받기 위해 인술라라고 하는 임대 목적의 고층 건물을 지었어요. 인술라는 1층에 상점이 있고 2층부터 주택이 있는 일종의 상가 주택과 비슷했어요. 처음에는 4~5층 높이로 지었지만, 나중에는 세를 더 받기 위해 6층이나 7층까지 얼기설기 지어 올리기도 해서 무너질 위험도 많았어요. 급히 지은 주택이다 보니 내부 시설은 별로 좋지 못해서 화장실이나 우물도 부족했어요. 대개 방 한 칸씩 세를 들어 살았는데, 부억이 따로 마련되어 있지 않아 방 안에 조그만 화로를 들여놓고 음식을 만들었어요. 그러다 보니 불이 날 위험이 많은 데 더해, 다닥다닥 붙어 있는 구조 탓에 한번 불이 나면 주변으로 번지기도 쉬웠지요. 높은 층에 사는 사람들은 대피하기도 어려웠고요.

그러던 어느 날 정말 큰불이 났어요. 바로 기원후 64년에 발생한 로마 대화재예요. 불은 일주일 가까이 지속되며 로마 시내의 절반을 태워 버렸어요. 그렇지 않아도 주택이 부족하여 인술라가 많았으니, 큰불이 난 뒤 주택은 더욱 부족해졌겠지요?

당시 황제는 폭군으로 유명한 네로였는데, 네로는 불타 버린 로마를 복구하기 위해 대대적으로 재개발하며 몇 가지 원칙을 세웠어요. 좁고 구불구불한 도로를 개선하고 넓고 곧은 길을 만들었으며, 새로 집을 지을 때는 불에 타기 쉬운 나무 대신 불에 잘 타지 않는 돌이나 벽돌 등을 사용하게 했어요. 또한 각 인술라는 7층 이내로 짓게 했고, 불이 이웃 건물로 번지지 않도록 일정 거리를 떼어 둬야 했어요. 불이 났을 때 이웃 세대로 대피할 수 있는 발코니를 설치하도록 했고요.

이 원칙들은 지금도 아파트를 지을 때 지켜지고 있어요. 그러고 보면 네로 황제가 폭군만은 아닌 것 같지요? 하지만 그는 자신을 위한 대규모 호화 궁전을 지으면서 민심을 잃고 쫓겨나게 돼요. 네로가 쫓겨난 뒤 황제 자리에 오른 트라야누스 황제는 네로가 지었던 호화 궁전을 허물고 그 자리에 시민 모두를 위한 원형 경기장을 지었어요. 지금도 유적으로 남아 있는 콜로세움이 바로 그것이에요.

4장

사는 곳이
내 가치를 결정할까?

대단지 아파트 입구는 왜 꽁꽁 닫혀 있을까?

어느 대형 아파트 단지의 어린이 놀이터는 정말 시설이 좋았어요. 놀이공원 못지않은 멋진 기구들뿐만 아니라 조그만 수영장까지 있었거든요. 동네 아이들은 모두 그곳에 가서 함께 놀았어요. 그런데 어느 날 '보안 요원'이 나타나 아파트에 살지 않은 '외부인'들은 단지 밖으로 내보내기 시작했어요. 함께 놀던 친구 중 몇몇 아이는 풀이 죽어 나와야 했어요. 며칠 후 아파트 단지의 정문과 후문에는 철문이 설치되었고, 아파트에 사는 사람들끼리만 아는 비밀번호를 눌러야만 그 철문이 열렸어요.

1950년대에 우리나라에 처음 아파트가 지어질 때만 해도 단지 개념은 없었어요. 1960년대 마포 아파트 단지가 처음 생겼지만 단지 내 시설은 어린이 놀이터와 슈퍼마켓 정도였고 이는 누구나 이용할 수 있었어요. 그런데 1970~1980년대부터 점차 대단지 아파트가 유행하더니 1990년대 말부터는 고급화 바람이 불었어요. 다른 아파트 단지와는 다른 차별화 전략을 세우면서 인공폭포, 분수, 산책로, 피트니스센터, 독서실 등 점점 많은 시설이 들어섰고 그러면서 조금 복잡한 문제가 생겼어요. 아파트에 사는 주민들과 아파트에 방문하는 외부인들 사이에 갈등이 일어나기 시작한 거지요.

단지 내에 마련된 시설은 아파트 주민들만 이용하는 것일까요? 아니면 외부인도 함께 이용할 수 있는 것일까요? 단지 내 슈퍼마켓은 외부인도 이용할 수 있어요. 그렇다면 산책로와 어린이 놀이터는 외부인이 이용해도 될까요, 안 될까요? 여러분은 이 시설을 밖과 공유해야 한다고 생각하나요, 아니면 관리비를 내는 주민들의 권리가 우선이라고 생각하나요?

단지 입주자만 지날 수 있는 정문이 달린 신축 아파트 단지들처럼, 보안이나 시설 이용 권리 등을 이유로 문을 꽁꽁 걸어 잠그고 외부와 단절된 공동체를 '빗장 공동체'(Gated Community)라고 불러요. 예전과 같이 소규모 아파트 단지일 때는 문제가 되지 않았어요. 하지만 요즘 아파트가 점점 대단지화, 고급화되면서 빗장 공동체화 되는 문제가 생기고 있어요. 2,000~3,000세대의 대단지 아파트는 그곳에 사는

사람이 1만 명이 넘어 마을 하나를 이룰 정도예요. 당연히 자리도 많이 차지하고요. 게다가 한 동네에만 그렇게 큰 아파트 단지가 하나도 아니고 서너 개가 있는데, 단지마다 문을 굳게 걸어 잠그고 외부인을 거부하면 어떻게 될까요? 아파트가 아닌 빌라나 주택에 사는 사람들은 어떤 생각이 들까요? 빗장 공동체는 사회에 어떤 영향을 미칠까요?

왜 같은 아파트에서 차별이 일어날까?

빗장 공동체 안에서는 모두 평등하게 살고 있을까요? 다음의 예시를 보며 살펴보죠. 어느 아파트 단지 정문에 커다란 안내판이 붙었어요. '108동 주민은 정문 사용 금지', '108동 어린이들은 단지 내 어린이 놀이터 사용 금지'. 이게 대체 무슨 말일까요? 101동부터 108동까지 있는 아파트 단지에서 108동은 임대 아파트이고 나머지는 분양 아파트였던 거예요. 그런데 주민들은 왜 108동을 차별하는 걸까요?

1980년대 후반부터 우리나라에도 임대 아파트가 지어졌어요. 당시 정부에서는 1986년 서울 아시안 게임과 1988년 서울 올림픽 대회 개최를 준비하면서 불량하거나 너무 낡은 주거 단지를 없애 버리고 그 자리에 대단지 아파트를 지어 올렸어요 그런데 중산층 주택인 아파트를 많이 짓다 보니 막상 집이 없는 서민들은 갈 곳이 없어졌지요. 그래서 나라에서 25만 호, 즉 25만 가구가 살 수 있는 규모의 집들을 영구 임대 주택으로 짓기로 했어요. 월세나 전세처럼 민간 임대가 아닌 국가가 주체가 되는 임대 아파트는 이때가 처음이었어요. 그 후 1990년대부터는 아파트를 지을 때 분양 아파트와 임대 아파트를 한 단지 안에 함께 짓게 했어요.

그런데 조금씩 문제가 드러나기 시작했어요. 우선 분양 아파트는 24~44평형인데 임대 아파트는 12~18평형인 경우가 많아서 3~4인 가족이 살기에 불편했어요. 또 분양 아파트는 전망과 향*이 모두 좋은 곳에 있었지만, 임대 아파트는 구석진 곳에 있다 보니 전망이나 향이 좋지 못했어요. 무엇보다 한 단지 안에 분양 아파트와 임대 아파트가 함께 있어서 그곳에 사는 사람들은 어디가 분양 아파트이고 어디가 임대 아파트인지 금세 다 알 수 있었어요. 비싼 돈을 주고 분양 아파트를 사서 들어온 사람들은 임대 아파트 주민들을 조금씩 차별하기 시작했지요. 임대 아파트에 사는 사람들은 정문 대신 가까운 곳에 있는 후문을 이용하라고 하거나 그곳에 사는 어

* 향 집의 앞쪽 방향.
보통 남향을 가장
좋은 향으로 꼽는다.

린이들은 단지 내 놀이터 대신 후문 가까이에 있는 마을 놀이터를 이용하라고 했어요.

같은 아파트 안에서 이런 소외와 차별로 문제가 생기다 보니 요즘은 임대 아파트를 별도의 단지로 따로 짓기도 해요. 이렇게 지은 아파트는 차별이 사라졌을까요? 안타깝게도 차별은 또 다른 모습으로 생겨났어요.

어느 동네가 재개발 지구로 정해져 전면 철거 후 새 아파트 단지가 들어섰어요. 아파트 단지를 지은 건설 회사는 그 건설사의 브랜드명에 따라 아파트 이름을 'OOO 아파트'라고 정했어요. 그런데 그 건설 회사가 조금 떨어진 곳에 임대 아파트도 함께 지었는데, 그 아파트는 OOO이라는 브랜드 대신 '희망 주택'이라고 이름 붙였어요. 분명히 같은 건설 회사에서 지은 아파트인데 분양 아파트는 OOO이라는 브랜드를 사용하고 임대 아파트는 희망 주택이라는 이름을 사용한 거예요. 이로 인해 초등학교에 다니는 아이들은 집 주소만 보고도 친구가 임대 아파트에 사는지 분양 아파트에 사는지 알 수 있었어요. '임대 아파트에 사는 가난한 아이'로 점찍고 놀리거나 따돌리기 십상이었지요. 이렇게 사는 곳에 따라 사람을 차별하는 것이 맞는 일일까요?

빈부의 격차에 따라 사는 곳이 확실히 나뉘는 것을 '사회적 계층 분리'라고 해요. 반면 빈부 격차에 따라 사는 곳을 구별하지 않는 것을 '사회적 계층 혼합', 영어로는 '소셜 믹스' (social mix)라고 불러요. 임대 아파트와 분양 아파트가 한 단지 안에 있는 것도 일종의 소셜 믹스라고 할 수 있지만, 금세 표가 난다는 것이 문제예요. 여러 계층이 제대로 어우러지려면 이 소셜 믹스가 겉으로 드러나지 않아야 해요.

어떻게 해야 소셜 믹스가 잘 이루어질까요? 101동부터 107동까지는 분양 아파트, 108동은 임대 아파트로 구분하지 말고 같은 건물 안에 임대 아파트와 분양 아파트를 조금씩 섞는 거예요. 특히 임대 아파트는 면적이 좁은 것이 문제인데, 모든 아파트를 3~4인 가족이 살기에 적당하도록 24~44평으로 지은 뒤 그중 몇 개를 무작위로 선정하여 임대 아파트로 지정해요. 이렇게 하면 임대 아파트에 사는 사람이라도 가족 수에 맞게 넓은 집에서 살 수 있고, 주소지나 아파트 이름만 봐서는 어느 집이 임대이고 어느 집이 분양인지 구분할 수 없겠지요?

집이 없는 서민들에게 임대 주택을 제공하는 것은 국가에서 담당해야 할 기본적인 복지 혜택 중 하나예요. 하지만 그 과정에서 '임대 주택에 사는 아이'라는 것이 겉으로 드러나지는 않게 해야 해요. 복지 혜택을 주되 복지 혜택을 받

는다는 것이 겉으로 드러나지 않는 것, 이것이 바로 진정한 복지 국가의 모습이에요. 각 개인이 차별하면 안 되는 것도 물론이고요.

사는 동네가 나를 대신할 수 있을까?

'사대문'이라는 말을 들어본 적이 있나요? 사대문은 조선 시대에 한양에 있던 네 대문으로 동쪽의 흥인지문, 서쪽의 돈의문, 남쪽의 숭례문, 북쪽의 숙정문을 가리켜요. 이 사대문에 사는 사람을 문안 사람, 사대문 밖에 사는 사람을 문밖 사람이라 불렀어요. 문안 사람들은 스스로를 세련되고 부유한 사람이라 생각하면서 문밖에 사는 사람들을 촌스러운 시골뜨기라고 얕보기도 했어요. 하지만 이제 서울은 문안과 문밖의 구분 대신 강남과 강북의 구분이 생겼어요.

조선 시대 때 한양은 사대문 안을 지칭했는데, 그 외에도 '성저십리'라 하여 도성 밖 10리까지의 구역도 일종의 수도권 개념으로 생각해 한양을 다스리는 기관인 한성부에서 관할했어요. 성저십리의 구체적인 범위는 대략 요즘 서울 강북 지역 정도라고 생각하면 돼요. 그러다가 1950~1960년대 서울의 인구가 점점 늘어나면서 1970년대부터 서울의 권역을 강남으로까지 확장했어요. 강남 지역은 1970~1980년대에 주로 개발되면서 1980~1990년대부터 부유한 동네가 되었어요. 현재 강남과 강북이라는 말은 단순히 한강을 기준으로 남쪽과 북쪽을 가르는 기준이 아닌 잘사는 동네와 서민 동네를 이르는 말이 되어 버렸어요. 게다가 1990년대에 이러한 차이가 생기고 30년이 흐른 지금, 미처 생각지 못한 문제까지 일어나고 있어요.

소득, 재산, 교육 수준, 권력 등에 따라 사람들의 사회적 위치를 위아래로 나눈 것을 사회적 계층이라 하는데, 이 계층이 변하지 않고 자녀 세대까지 계속 이어지는 현상을 계층 고착화라고 해요. 현재 우리나라의 가장 큰 사회 문제 중 하나라고 볼 수 있지요. 30~40년 전만 해도 이런 일은 찾아볼 수 없었어요. 물론 그때도 가난한 사람, 부유한 사람의 구분은 있었지만 부유한 집 아이가 평균 성적이 높아서 명문 대학에 진학할 확률이 더 높거나 하지는 않았어요. 부모님이 시장에서 장사를 하거나 시골에서 농사를 지어도 자기가 열심히 노력하면 얼마든지 명문 대학에 진학하여 좋은 직장에 취직할 수 있었지요. 즉 예전에는 가난한 집 아이도 자신의 노력에 따라 얼마든지 중산층으로 진입

할 수 있는 계층 간 이동 사다리가 많았어요. 하지만 이제는 이 계층 간 이동 사다리가 사라지고 있어요.

여러분도 금수저, 은수저, 동수저라는 말을 들어본 적 있지요? 그보다 더한 흙수저라는 말도 있고요. 예전에는 이런 말이 아예 없었지만 어느새 누구나 자연스럽게 쓰는 말이 되어 버렸지요. 여기서 수저의 색깔은 보통 부모의 재산 수준과 지위를 의미하지만, 이제는 어느 동네에서 태어났는지도 수저의 색깔을 결정짓는 요인 중 하나가 되었어요. 부유한 동네에서 태어난 아이는 좋은 환경에서 공부하여 명문 대학에 진학한 다음 좋은 직업을 갖게 되어 계속 부유하게 살고, 평범한 동네의 아이는 어른이 되어서도 계속 평범하게 사는 것. 그래서 '어디에서 살고 있느냐'가 문제가 되는 거죠. 같은 서울이라고 해도 강남과 강북의 차이가 있는데, 이 범위를 좀 더 넓혀 생각하면 문제는 훨씬 심각해져요. 그렇다면 이 문제를 극복하기 위해 어떻게 해야 할까요?

가장 중요한 방법은 대학 입학에서 더 많고 다양한 기회를 주는 거예요. 우리나라에서 직업을 결정짓는 중요한 요소 중 하나가 대학에서 어떤 공부를 하였나 하는 거예요. 그래서 자신의 희망과 적성에 맞는 대학을 찾는 것이 중요

한데, 이제는 대학 입학에 있어 더 많은 기회를 주는 것도 필요해요. 예전에는 대학을 갈 때 성적 하나만을 보고 합격, 불합격 여부를 결정했어요. 예전에는 모든 기회가 지금보다 훨씬 더 평등했기 때문이에요. 하지만 지금은 예전처럼 모든 기회가 100퍼센트 평등하지는 않아요. 그렇다면 군데군데 계층 간 이동 사다리를 마련해 놓아야 하는 것이 국가가 해야 할 일이에요.

다행히 지금은 성적 외에도 더 많은 가능성을 보고 있어요. 이를테면 농어촌 출신이나 지방 도시 출신의 학생에게 더 많은 가산점을 주는 경우가 있어요. 혹은 가정 환경이 어려운 학생에게 더 많은 가산점을 주는 경우도 있고요. 이것이 때로 누구 하나에게만 좋은 기회를 주는 것으로 보일지 몰라도, 더 큰 틀에서 보면 진정한 기회의 평등을 실천하는 방법 중 하나예요.

외국 이민자들이 모여 사는 이유는?

요즘 서울을 비롯한 대도시에 가면 낯선 풍경을 만날 때가 있어요. 예전에는 분명 서울의 여느 곳과 다를 바 없는 평범한 동네였는데 어느 순간부터 외국인이 많이 눈에 띄고 거리에는 한국어 간판보다 외국어 간판이 더 많이 보여요. 이곳이 과연 한국인지 외국인지 헷갈리고 거리에는 낯선 외국어가 들리는 것이, 어쩐지 내가 이방인이 된 것 같이 느껴지지요. 왜 이런 일이 일어날까요? 첫째로 우리나라에 거주하는 외국인이 많이 증가했기 때문이고, 둘째로 이러한 외국인들이 같은 나라 사람들끼리 모여 살기 때문이에요. 그렇다면 이러한 두 가지 일이 일어나는 까닭은 무엇일까요?

우리나라에 들어오는 외국인들은 방글라데시, 파키스탄, 베트남, 몽골, 중국 등 아시아인들이 많아요. 이들은 왜 한국에 올까요? 그 이유는 바로 돈을 벌기 위해서예요. 외국으로 나가서 일을 하는 것을 이주 노동이라 하고 그러한 사람을 이주 노동자라고 하는데, 이제 우리나라에도 이주 노동자가 많아졌어요. 1990년대부터 우리나라의 소득 수준이 높아지면서 어렵고 위험하고 더러운 일, 이른바 3D(Dirty, Difficult, Dangerous)를 꺼려하는 현상이 일어났기 때문이에요. 당시 소규모 공장이나 농촌에서 일손을 구하기가 힘들어지자 이 일을 하며 돈을 벌기를 원하는 외국인 이주 노동자들을 받기 시작했어요. 이렇게 아시아 국가의 이주 노동자들이 하나둘 생기면서 이들이 많이 사는 동네도 생겼어요. 근처에 공장이 많아서 출퇴근이 편리한 서울특별시 영등포구와 구로구, 경기도 안산시 등지가 바로 그런 곳이에요.

우리나라보다 더 빨리 이주 노동자를 받아들였던 미국과 유럽은 이런 현상이 훨씬 심각해 많은 조사와 연구가 진행되었어요. 연구에 의하면, 평범하던 동네가 외국인 마을로 변해 가는 이유 중 하나가 '백인 이탈 현상'(White Flight) 때문이라고 해요. 특히 흑인과 백인 간의 인종 갈등이 심한 미국의 예시를 들어 볼게요.

미국 도시에 백인 중산층들이 주로 사는 동네가 있었어요. 이곳에는 가끔 의사나 변호사 등 사회적으로 성공한 흑인들도 몇 명 이사를 와서 살았어요. 흑인들이 동네에 서너 명 정도 있을 때는 백인들도 크게 신경 쓰지 않았어요. 하지만 대여섯 명, 예닐곱 명씩 보이기 시작하자 백인들이 은근히 걱정했어요. 자신들이 사는 동네가 흑인들의 마을로 변하는 건 아닌지 말이에요.

이런 생각을 하는 백인들이 점점 늘어나면서 하나둘 이사를 갔어요. 백인들이 갑자기 이사를 가자 동네의 집값은 떨어졌고, 근처의 흑인들이 점점 이사를 오면서 차츰 흑인 마을로 변했어요. 일반적으로 흑인 가족이 적은 수를 차지할 때는 크게 문제가 되지 않지만, 동네 전체 가구 중 8~10퍼센트 정도를 차지하게 되면 원래 살던 백인들이 동네를 떠나면서 점점 흑인 마을로 변하게 돼요. 이것이 바로 백인 이탈 현상이지요. 흑인뿐만이 아니라 다른 인종, 다른 민족에 대해서도 마찬가지로 적용할 수 있어요. 바로 이런 현상 때문에 무슬림 마을, 중국인 마을이 생기는 거예요.

지금 우리나라에도 비슷한 일이 일어나고 있어요. 파키스탄, 방글라데시, 몽골 등 아시아 국가에서 온 이주 노동자들이 점차 많아지면서 어느 특정 동네가 파키스탄 마을이나 베트남 마을이 되기도 하는 것이죠. 뿐만 아니라 농촌에서도 이런 일이 일어나고 있어요. 20~30년 전부터 농촌 총각들이 마땅한 신붓감을 구할 수 없게 되자 베트남 등에서 온 외국인 신부와 결혼했고, 이들 사이에서 아이들도 태어났어요. 그래서 요즘 농촌은 외국인 엄마와 다문화 가정의 아이들이 점점 증가하고 있어요.

그런데 나와 생긴 것이 다르다는 이유로 혹은 문화와 풍습이 다르다는 이유로 이들을 차별한다면 어떻게 될까요? 사람은 누구나 차별받는다는 느낌이 들면 그들끼리 단결해요. 그 단결이 공간적으로 드러나는 것이 바로 외국인 마

을이에요. 대도시에 외국인 마을이 점점 많이 생기면 어떤 문제가 발생할까요? 강남과 강북의 문제와는 또 다른 사회 문제가 생길 수 있어요. 강남과 강북에는 민족이나 종교, 인종의 차이는 없어요. 하지만 외국인 마을은 빈부의 격차는 물론 민족이나 종교의 차이까지 더해져 우리가 미처 생각하지 못했던 훨씬 복잡한 문제까지 일어날 수 있답니다. 그렇다면 진정한 다문화 사회를 위해서는 어떻게 해야 할까요? 서로가 상대방의 문화를 상호 존중하며 외모와 생김새로 사람을 차별하지 않는 사회가 바람직하지 않을까요?

오래 살던 주민들을 몰아내는 '젠트리피케이션'

지금으로부터 40여 년 전인 1980년대 영국 런던의 어느 도심에서 일어난 일이에요. 그곳은 시내 한복판에 있던 동네로, 빅토리아 시대*인 1850~1900년대에 지어진 고풍스러운 주택들이 많았어요. 본래 빅토리아 시대에는 '젠트리'라 불리던 중산층들이 살던 동네였지만 시간이 흐를수록 주택

> ★ **빅토리아 시대**
> 영국 빅토리아 여왕이
> 다스리던 1837년부터
> 1901년까지를 일컫는 말.

이 점점 낡아 가면서 마을 전체가 쇠락했어요. 1950~1960년대가 되자 그 동네는 아주 낡고 허름한 동네가 되었고 예전부터 그 동네에 살던 노인들만 남아서, 동네 전체가 활기를 잃은 노인 마을이 되다시피 했어요.

그런데 1980년대부터 반대 현상이 일어났어요. 런던 외곽으로 이사 갔던 중산층이 다시 도심으로 들어와 빅토리아 시대 때 지어졌던 오래된 주택에 다시 거주하는 거예요. 빅토리아 시대의 주택은 이미 100여 년 전에 지어진 터라 너무 낡았지만, 이 낡은 집을 다시 깨끗이 수리하여 살았던 것이지요. 또 오래되고 낡은 주택을 사서 식당이나 카페로 만들기도 하고 골동품 가게나 서점, 옷 가게로 개조하기도 했어요. 그러자 낡고 허름하던 동네의 분위기가 바뀌어 점점 입소문이 나서 더 많은 사람이 찾아오게 되었어

요. 영국의 사회학자들은 이 현상을 두고 '중산층화가 되는 현상'이라는 뜻의 '젠트리피케이션'이라 이름 붙였어요. 다시 말해 젠트리피케이션은 오래되어 낡고 허름하던 동네가 다시 중산층 동네로 변화하는 현상을 뜻해요.

요즘 서울을 비롯한 대도시 곳곳에 이 젠트리피케이션이 일어나고 있어요. 낡고 조용한 동네가 화려하고 재미있는 인기 장소로 변화하는 일이 빈번하지요. 그런데 젠트리피케이션이 과연 좋기만 할까요? 어쩌다 한 번 놀러 가는 사람들은 재미있고 좋을지 몰라도 주민들은 불편을 겪어요. 우선 조용하던 동네에 갑자기 많은 관광객이 몰려오면서 혼잡해져요. 관광객들은 두세 명에서 많게는 예닐곱 명씩 몰려 다니며 커다란 카메라로 여기저기 사진을 찍기도 하고, 심지어 아무 집이나 대문을 열어 보고 구경하기도 하지요.

아울러 동네 사람들이 평소에 이용하던 가게가 없어지고 그 자리에 고급 상점이 생기는 것도 문제를 일으켜요. 노트와 볼펜을 살 문방구도, 싸고 맛있는 떡볶이를 먹을 수 있는 분식집도, 옷을 세탁할 만한 세탁소도, 저녁거리를 사가고 담소를 나눌 작은 슈퍼마켓도 없어지는 통에 주민들은 큰 불편

을 겪지요. 새로 들어온 고급 상점은 너무 비싸서 편히 이용하기 힘들고요.

갑자기 동네가 번화하면서 건물 임대료가 올라 원하지 않는 이사를 가는 사람들도 생겨나요. 그래서 요즘에는 이를 막기 위한 새로운 법이 등장했어요. 바로 '젠트리피케이션 방지법'이에요. 평범하고 조용하던 동네가 갑자기 번화했을 때에도 동네 주민과 기존 상인들을 보호하기 위해서 임대료를 한꺼번에 너무 많이 올려 받지 못하게 하는 법이에요. 낡고 쇠락하던 동네가 변화하는 것은 좋은 일이지만, 그 과정에서 소외되는 이웃이 생기진 않는지 생각해 봐야겠지요?

5장

미래의 집은
어떤 의미를 가질까?

동물의 집을 본떠 만든 집이 있다고?

2008년 중국 베이징에서 하계 올림픽이 열릴 때, 메인스
타디움이 전 세계의 눈길을 끌었어요. 두 명의 스위스 건축
가 자크 헤르조그와 피에르 드 뫼롱의 설계로 지은 스타디
움은 별칭이 '새 둥우리'였거든요. 실제로 그 경기장은 까치
집의 형태를 모방해서 지었어요.

건물을 지으려면 먼저 기둥을 세운 뒤 지붕을 덮어야 해
요. 건물이 커질수록 기둥을 촘촘히 세워야 하는데, 그 대
표적인 예가 그리스의 신전들이에요. 그리스 신전은 커다란
지붕을 받치기 위해 여러 개의 기둥이 세워져 있는데, 그러
다 보니 형태는 우아할지 몰라도 실제 사용하는 공간의 면
적은 매우 좁아요. 올림픽 메인스타디움은 그리스 신전보다
규모가 더 큰 건물인데, 이렇게 기둥을 많이 세우면 어떻게
될까요? 선수들이 경기하는 데 몹시 불편하겠지요?

그래서 내부에 기둥 없는 공간을 만들기 위해 여러 가지 아이디어가 동원되었어요. 베이징 올림픽에서는 그 아이디어를 까치 둥지에서 찾았어요. 까치는 나뭇가지를 가지고 마치 바구니를 짜듯이 둥지를 지어요. 건축가들은 까치가 하는 것처럼 거대한 철강을 이용해 바구니를 짜듯 경기장을 지었어요. 새 둥지처럼 겉은 튼튼

까치 둥지(위)와 이를 본떠 만든 베이징 올림픽 메인스타디움(아래) ⓒGetty images

하면서 안은 넓은 공간을 확보하는 건축물이 완성됐지요.

지구상에는 하늘을 나는 새 이외에도 땅속에 사는 동물도 있고 물 위에 사는 동물도 있어요. 그렇다면 이런 동물들의 집에서 아이디어를 얻어 새로운 집을 지어 볼 수 있지 않을까요? 실제로 베이징 스타디움처럼 동물의 집에서 아이디어를 얻는 건축물이 늘고 있어요. 사람과 동물의 생활 방식이 다른데 왜 동물의 집까지 들여다보는 걸까요?

개미의 집을 생각해 보세요. 우리나라에 사는 개미들은 대개 땅속에 굴을 파고 집을 짓기 때문에 도시의 마당이나 꽃밭에서도 개미집을 찾아볼 수 있어요. 그런데 땅 위에 큰

탑을 쌓아 집을 짓는 개미도 있어요. 온대 지역에 사는 개미는 겨울을 나기 위해 땅속에 집을 짓지만, 겨울이 없는 열대 지역에 사는 개미는 환기와 통풍을 통해 내부 온도를 적정하게 유지하기 위해 지상 위에 개미탑을 짓거든요. 예를 들어 아프리카에 사는 흰개미는 약 5~6미터 높이의 개미탑을 짓는데 개미의 크기와 비교해 보면 정말 거대한 높이예요. 그 안에서 몇만에서 몇십만 마리가 함께 살아가기 때문에 작은 도시 하나와도 맞먹어요. 이런 정교한 개미집을 분석한 결과를 도시 계획에 응용할 수 있지 않을까요?

앞에서 나온 카파도키아 지하 도시처럼 땅속에 집을 짓는다면 거대한 지하 동굴을 파고 집을 짓는 프레리도그에게서 아이디어를 얻을 수도 있어요. 프레리도그는 '초원의 개'라는 뜻으로, 주로 넓은 초원 위에 대규모 무리를 지어 살면서 독수리나 늑대 같은 천적을 만나면 개처럼 컹컹 짖어서 그런 이름이 붙었어요. 하지만 개가 아니라 설치류의 동물로 우리말로는 '땅다람쥐'라고 불러요. 대략 10~20마리가 한 가족을 이루고 사는데, 넓은 초원에 살면 천적들의 눈에 쉽게 띌 수 있기 때문에 땅속에 굴을 파서 집을 짓고 살아요. 마치 개미가 땅속에 집을 짓는 것과 비슷한데, 둥그런 달걀 모양의 방을 여러 개 만들어서 통로로 연결한 다음 잠자는 방, 새끼를 낳아 기르는 방, 먹이를 저장하는 방, 대소변을 보는 방 등 용도별로 나누어 사용해요.

실제로 1910년대 초반 미국 텍사스 초원에서 굴이 하나 발견되었을 때 사람들은 깜짝 놀라고 말았어요. 굴의 구멍은 지름 10~20센티미터 정도로 작았지만 땅속에 미로처럼 얽힌 굴의 총 길이가 무려 400여 킬로미터에 달했기 때문이에요. 대략 4억 마리의 프레리도그가 그 굴속에 살고 있었을 것으로 여겨져요. 당시의 미국 인구는 8,000만 명 정도였는데, 그 다섯 배인 4억 마리가 하나로 연결된 굴속에 살고 있었던 거예요. 그 정도라면 지하 도시를 넘어 하나의 국가를 이루었다고도 볼 수 있어요.

땅속이 아닌 물속에 집을 짓고 사는 동물도 있는데 바로 비버예요. 비버도 설치류에 속하는데, 강 한가운데 댐을 만들고 그 아래 집을 지어요. 육지 동물인 비버가 강 한가운데 살게 된 이유는 곰, 늑대와 같은 천적이 접근하지 못하도록 하기 위해서였어요. 그런데 강 한가운데 집을 지으면 집이 물살에 쓸려 나가기 때문에 상류 부분에 미리 댐을 만들어서 물살을 약하게 만들었어요. 강바닥에 말뚝을 박고 그 위에 통나무를 계속 쌓아 올려서 댐을 만든 뒤 조금 아래 하류에 집을 지어요. 집을 지을 때도 마찬가지로 강바

자연이 주는 아이디어는 무궁무진해!

도시 규모의 개미집

더운 지역의 개미는 땅 위에 집을 짓고

5~6m

추운 지역의 개미는 땅속에 집을 짓지.

프레리도그의 지하 왕국

실제 발견된 굴의 길이는 400킬로미터 정도였다고 해.

땅속의 지배자라 불러다오.

4억!

카리스마 있어!

그리고 4억 마리 가량이 서식하고 있었다는군.

귀여운데! 무서워!

물속의 건축가 비버

아아~ 건축은 즐거워.

너무 안전하고!

첫

닥에 말뚝을 박은 뒤 그 위에 통나무를 쌓아 올리고 나무 틈을 자갈과 돌로 메꾸어요. 이렇게 계속 통나무를 쌓아 올리면 강 한가운데 인공 섬이 볼록하게 솟아오르는데 바로 그 위에 집을 지어요. 이렇게 하면 곰이나 늑대 같은 육지 동물이 침입할 수 없게 돼요. 프레리도그나 비버 같은 설치류 동물들이 땅속이나 물속에 집을 짓는 이유가 천적으로부터 스스로를 보호하기 위해서라는 것을 알 수 있어요.

로봇 공학을 연구하는 이들은 생물을 모방한 아이디어를 적용해서 제품을 만드는 경우가 많아요. 이를테면 해파리를 닮은 수중 탐사 로봇, 뱀처럼 땅 위를 기어다니는 지형 탐사 로봇 등이 있지요. 이제 동물 모방은 건축으로 확대되고 있어요. 미래에는 동물이 지은 집에서 아이디어를 얻은 건축물이 더욱 늘지 않을까요?

쉽고 빠르게 지은 집은 살기 좋을까?

우리가 즐겨 먹는 음식 중에 햄버거를 비롯한 패스트푸드가 있어요. 패스트푸드점에 가면 햄버거와 감자튀김, 청량음료가 세트 메뉴로 팔리고 있어요. 그런데 맛있고 편리하다는 이유로 자주 먹는다면 무슨 문제가 발생할까요? 우선 지나치게 지방과 설탕 함량이 높아 건강을 해칠 수 있고, 거기 사용된 많은 일회용품들이 지구 환경을 파괴해요.

패스트푸드 식당은 음식 값을 비싸게 받지 않기 위해 조리 과정에서 비용을 줄여요. 그중 하나가 설거지 비용을 아끼기 위해 일회용품을 사용한다는 점이에요. 플라스틱 포크와 나이프, 종이컵, 햄버거와 감자를 포장한 종이는 한 번 쓰고 버리는 제품이기 때문에 따로 설거지를 할 필요가 없어요. 그렇게 되면 설거지를 담당한 아르바이트생을 따로 고용하지 않아도 되니 그만큼 비용이 절감되겠지요.

하지만 한 끼 식사를 하는 데 너무나 많은 일회용품이 사용되기 때문에 요즘은 점차 일회용품의 사용을 줄이고 있어요. 이를테면 종이컵 대신 여러 번 사용이 가능한 플라스틱 컵이나 유리잔에 음료를 담아 주거나, 플라스틱 빨대 사용을 줄여요. 일상생활에서 일회용품 덜 쓰기는 세계적인 추세가 되고 있다는 점도 패스트푸드 업계의 변화를 이끄는 원인 중 하나지요.

요즘 의류 산업에서는 패스트푸드 못지않게 패스트 패션이 문제가 되고 있어요. 예전에는 옷값이 비싸서 한 벌을 장만하면 몇 년을 두고 아껴 입곤 했어요. 하지만 요즘은 옷값이 그다지 비싸지 않아요. 인터넷에서는 저렴한 옷들이 넘쳐 나고 중저가 옷들을 파는 브랜드 상점들도 많지요. 디자인은 주로 미국, 일본, 프랑스 등의 본사에서 하지만 실제 제작은 인건비가 낮은 아프리카, 아시아 국가에서 하고 있어요. 그러다 보니 제작 비용이 낮아져 옷값은 저렴한 편이지만, 그렇기에 유행이나 기분에 따라 한 계절만 입고 버리는 옷이 되고 있어요.

유행이 지났다거나 싫증이 났다는 이유로 고작 몇 번만 입고 버려지는 옷들도 문제이지만, 입지도 않고 버려지는 옷들도 많아요. 인터넷에서 사진만 보고 주문했다가 막상 받아 보니 어쩐지 마음에 들지 않고 그렇다고 반품하자니 귀찮아서 가격표도 떼지 않은 채 버려지는 옷들도 있어요. 이렇게 버려지는 멀쩡한 새 옷들은 지금 아프리카를 비롯한 제3세계 국가에 쌓이고 있어요. 천연 섬유가 아닌 나일론 등의 합성 섬유로 만든 옷이기 때문에 잘 썩지도 않는 것이 마치 플라스틱이나 비닐과 같아요.

요즘 가구와 가전제품에서도 비슷한 현상이 일어나고 있어요. 예전에는 가구가 무척 비쌌어요. 오동나무나 자개로 만든 장롱은 특히 값진 것이어서 한번 장만하면 20~30년은 너끈히 사용했어요. 하지만 지금은 이런 일도 점점 줄어들고 있어요. 저렴한 가격의 가구 브랜드점에서 누구나 원하는 가구를 손쉽게 살 수 있다 보니 유행과 기분에 따라 2~3년만 쓰고 버린 다음 새로 사는 일이 흔해졌지요. 심지어 이사를 할 때마다 쓰던 가구를 모두 버리고 새 가구를 들이기도 해요. 가전제품도 마찬가지예요. 요즘은 텔레비전이든 냉장고든 고장이 날 때까지 쓰는 경우가 드물어요. 더구나 스마트폰이나 노트북 등은 새 제품이 출시되었다는 이유로 멀쩡하던 것을 버리고 하나씩 새로 장만해요. 어느새 가전제품도 거의 일회용품이 된 느낌이에요. 패스트 퍼니처의 시대가 된 거지요.

그런데 최근에는 집을 짓는 데도 '패스트' 개념이 등장하기 시작했어요. 현재 집을 한 채 짓는 데는 몇 달이 걸려요. 집값이 비싼 이유는 우선 땅값이 비싼 이유도 있겠지만, 건축비도 비싸기 때문이에요. 일일이 설계하고 많은 사람이 몇 달에 걸쳐 집을 지어야 하기 때문에 이 모든 사람의 인건비가 포함되어 있는 것이지요. 그렇다면 주문 즉시 음식이 나오는 패스트푸드처럼 집도 즉석에서 지을 수는 없을까요?

집을 짓는 방식을 바꾸면 가능해져요. 집을 몇 개의 큰 덩어리(모듈)로 나누어 짓는 '모듈 공법'이 대표적이지요. 주택을 하나 짓는다고 할 때 지금처럼 하나하나 별도의 설계를 하는 것이 아니라 몇 개의 표준 설계도를 미리 입력시켜 놓은 다음 가족 수에 맞게 출력하면 바로 설계 도면이 만들어져요. 이제 도면대로 집을 짓기만 하면 되는데 미리 공장에서 설계에 맞춰 모듈들을 만든 뒤 현장에서 조립하면 1~2개월 안에 집 한 채를 뚝딱 지을 수 있어요. 아예 공장에서 집을 만들어서 옮긴 뒤 현장에서는 인테리어만 하기도 하지요.

모듈 공법은 자원과 시간을 아낄 수 있고, 안전사고도 줄어드는 데다 건축 폐기물도 최소화할 수 있어서 친환경 건설 기법으로 손꼽혀요. 우리가 사는 집뿐만 아니라 초고층 건물까지 같은 방식으로 지을 수 있지요. 38~44층 높이의 영국 크로이던 타워와 호주의 라 트로브 타워가 바로 모듈 공법으로 지은 초고층 건물이에요.

모듈 공법을 발전시켜 건설 자재까지 '출력'으로 만들어 낼 수도 있어요. 도면을 2D 프린터로 출력했듯이 집 전체를 3D 프린터로 출력하는 거예요. 현재 3D 프린터는 매우 정교한 수준에 이르렀기 때문에 가능해요. 출력하는 방법은 대략 두 가지가 있어요. 우선 벽체, 바닥재, 기둥 등을 출력한 뒤 이것을 현장에서 조립하는 방식이 있어요. 물론

이 방법은 조립을 하는 데는 시간이 좀 걸려요. 둘째로는 집을 아예 통째로 출력하여 트럭으로 실어 나른 다음 현장에 도착하여 집을 내려놓기만 하면 돼요. 마치 공장에서 완제품으로 만들어진 텔레비전이나 냉장고를 싣고 와서 제자리에 갖다 두기만 하면 되는 방식과 비슷해요.

출력 재료로는 폐 콘크리트를 주로 사용하고 있어요. 현대 건축물의 주된 재료는 콘크리트인데 건물이 낡아서 허물게 되면 건물 잔해에 해당하는 폐 콘크리트가 많이 배출돼요. 이것을 수거해서 잘게 부순 다음 3D 프린터로 출력할 때 재료로 사용하는 거예요. 문서를 프린트하듯이 집을 이런 식으로 출력한다면 설계에서부터 완공에 이르기까지 하루 이틀이면 모두 끝날 수도 있어요. 그야말로 패스트 하우징의 시대가 오는 거예요. 그리고 이 모든 것은 현재 기술로 가능해서 내일이라도 당장 3D 프린터로 출력된 집을 눈앞에서 볼 수도 있어요.

그런데 패스트 하우징은 무조건 좋기만 할까요? 아무런 문제가 없을까요? 옷과 가구와 가전제품이 너무 저렴해졌기 때문에 패스트 패션이나 패스트 퍼니처가 문제가 되고 있어요. 아직도 사용 가능한 물품들이 버려져요. 마찬가지로 패스트 하우징의 시대가 오면 어떤 문제점들이 발생할까요? 집을 한번 출력했다가 유행이 지났다는 이유로 혹은 싫증이 났다는 이유로 멀쩡한 집을 버리고 다시 새 집을 출력하는 시대가 올까요? 그때마다 버려지게 되는 집채만 한 쓰레기는 어떻게 해야 할까요? 다 함께 생각해 보아요.

걸어 다니는 집을 만들 수 있을까?

요즘은 누구나 주머니 속에 스마트폰을 넣고 다니면서 웬만한 일은 다 모바일로 해결해요. 모바일은 이동한다는 뜻인데, 전화 말고 집도 이동할 수는 없을까요? 말도 안 되는 소리라고요? 지금으로부터 60여 년 전, 영국에서 이동하는 집, 걸어 다니는 도시 등 SF 영화에서나 나올 법한 건축을 제안했던 학파가 있었어요. 과연 누가 그런 참신한 건축을 제안했을까요? 이를 이해하기 위해 먼저 당시의 시대 배경부터 살펴봐야 해요.

★ **군수 용품** 군사에 쓰이는 여러 물품을 일컫는 말.

1950~1960년대 유럽은 제2차 세계 대전이 끝나고 과학 기술이 급격히 발달하던 시기였어요. 더 정확히 말하면 세계 대전 중에 군수 용품★을 만들기 위해 발전했던 과학 기술들이 전쟁 후 일상 생활 속으로 들어오

기 시작한 시기지요.

세계 대전 중 전쟁터에서 사용하기 위한 각종 전쟁 물자를 만들기 위해 군수 공장들이 세워졌는데, 전쟁이 끝나고 나자 군수 용품들은 더 이상 쓸모가 없게 되었어요. 그렇다면 그 공장들과 그곳에서 생산된 군수 용품들은 어떻게 되었을까요? 버리는 대신 민간용으로 바꾸어 재생산하는 경우가 많았어요. 비행기도 제1차 세계 대전 중에 전투기로 개발되었다가 전쟁이 끝난 후 민항기로 사용되기 시작한 비행기처럼요.

이를테면 전기 포트, 전기 프라이팬, 전자레인지 등의 주방 용품들은 원래 제2차 세계 대전 당시 전쟁터에서 사용하기 위해 개발된 군수 용품이었어요. 또 제2차 세계 대전 후 미국과 소련이 냉전을 벌이면서 직접적인 전쟁 대신 우주 전쟁을 시작했어요. 인공위성을 띄우고 달에 탐사 우주선을 보내는 것으로 자국의 발달한 과학 기술을 과시하는 간접 전쟁을 했지요. 실제로 1960년대에는 연일 텔레비전을 통해 미국과 소련이 달 탐사 우주선을 보내는 장면이 생중계되곤 했어요.

이렇듯 지금까지 상상만 하던 일이 눈앞에서 실제로 벌어지면서 건축계에서도 지금껏 마음속으로 그려 보기만 했던 일을 실제로 이룰 수 없을까 하는 생각을 하는 학파가 생겨 났는데, 이들이 바로 '아키그램'이었어요. 아키그램(Archigram)은 건축을 뜻하는 아키텍처(Architecture)와 전보를 뜻하는 텔레그램(Telegram)의 합성어예요. 그때까지 사람들은 주로 편지를 통해 안부와 소식을 주고받았고, 사고 등 급한 일이 생기면 전보를 쳤어요. 그래서 사람들은 전보가 왔다고 하면 지레 놀라곤 했는데, 바로 거기서 착안한 이름이 아키그램이에요. '지지부진하던 건축계에 긴급 전보를 알린다' 쯤으로 해석할 수 있어요.

아키그램 학파는 1960년대 영국 런던에서 피터 쿡, 론 헤론, 마이클 웹을 비롯한 6명의 건축가가 모여 결성했어요. 그들은 실제 건축물을 짓기보다는 건축 잡지 『아키그램』을 발간하면서 그들만의 독특한 철학과 실험 정신이 담긴 건축 도면을 발표하는 것으로 이름을 알렸어요.

당시 아키그램 학파가 제안했던 건축은 정말 놀랍고 혁신적이었어요. 그중 특징적인 것들을 몇 개 꼽아 보자면 쿠쉬클(Cushicle), 플러그인 시티(Plugged-in City), 걸어 다니는 워킹 시티(Walking City) 등이 있어요.

등에 메고 다니는 집이라 할 수 있는 쿠쉬클은 마이클 웹이 제안한 것으로, 거대한 침낭과 비슷한 형태로 생겼어요.

이런 건축 잡지 어떤데?!

평소에는 압축 상태로 등에 메고 다니다가 필요시에는 공기를 주입하여 부풀어 오르게 한 뒤 침낭 겸 1인용 천막으로 사용할 수 있는 집이에요. 쿠쉬클에는 음식과 물, 라디오, 소형 텔레비전과 전기 난로 등이 마련되어 있어 펼치기만 하면 그것이 곧 1인용 집이 되어요. 주로 사막이나 아마존 등 오지를 탐험하는 사람들에게 적합한 형태라고 할 수 있어요.

주변을 둘러보세요. 플러그는 주로 어디에 있나요? 대개 텔레비전, 라디오, 노트북 등의 전자 제품에 플러그가 있죠? 바로 이 개념을 확장시킨 것이 플러그인 시티예요. 플러그인 시티를 제안한 사람은 피터 쿡이에요. 거대한 건물의 중심이 되는 뼈대에 딱딱 들어맞는 각각의 작은 건축물을 설치하는 것과 같은데, 그야말로 가전제품의 플러그를 꽂듯이 적재적소에 끼웠다 뺐다 할 수 있는 장치지요. 집을 짓기보다는 공장에서 미리 완제품으로 집을 만든 다음 거대한 크레인으로 싣고 와서 빈 땅에 플러그를 꽂듯이 꽂는 (Plugged-in) 시스템이라 할 수 있어요. 이렇게 하면 건물이 낡고 오래되었을 때 몇 달을 들여 헐고 새로 짓는 대신 하루 만에 헌 건물을 빼고 새 건물을 꽂아 넣을 수 있어서 편리해요. 이사를 할 때도 지금처럼 이삿짐을 싸서 이동한 다음 새집에 가서 다시 이삿짐을 푸는 것이 아니라, 가전제품의 플러그를 빼듯이 집을 통째로 뽑아 크레인으로 이동한 다음 새로운 장소에 가서 집을 꽂아 넣기만 하면 되어요.

쿠쉬클과 플러그인 시티가 건축물이 이동하는 시스템이었다면, 아예 도시 전체가 이동하는 시스템을 생각하기도 했어요. 워킹 시티, 말 그대로 걸어 다니는 도시는 아키그램 학파의 론 헤론이 제안했어요. 수십 층 높이의 건물에 다리가 달려서 마치 거대한 거북이처럼 생긴 건물이 다리를 이용해 걸어 다니는 형태예요. 정말 놀랍지요?

아키그램 학파가 주장했던 내용들은 너무나 혁신적이어서 당시 기술력으로는 만들 수가 없었어요. 물론 60년이 지난 지금도 그들이 주장했던 계획안 그대로 완벽하게 만들지는 못해요. 그래도 창의적이었던 아이디어만큼은 높이 살 수 있지 않나요? 만약에 미래에 건축 기술과 과학이 더 발달한다면 실제로 만들 수 있을지도 몰라요.

미래에는 정말 화성에서 살게 될까?

현재 세계적으로 지구온난화가 큰 문제로 떠오르고 있어

요. 석유나 석탄 등 화석 연료를 사용하면 이산화탄소가 발생하는데, 이는 온실가스가 되어 지구의 기온을 상승시켜요. 그렇게 되면 북극과 남극의 빙하가 녹으면서 해수면이 상승하고 저지대에 자리 잡은 국가나 도시는 물에 잠길 위험이 있어요.

대표적인 나라가 휴양지로 유명한 몰디브예요. 몰디브는 인도양에 자리 잡은 나라로서 약 1,190개의 섬으로 이루어져 있어요. 그러다 보니 기후 변화에 가장 취약해서 지구온난화에 따라 빙하가 녹아내리면 해수면이 상승해 섬 전체가 물에 잠겨 사라질 위험이 있어요. 바로 이러한 때 마치 배처럼 물에 뜨는 해양 도시를 건설하는 것이 하나의 아이디어가 될 수 있어요.

실제로 몰디브는 수도인 말레 근처의 산호초 섬에 2만 명이 살 만한 해양 도시를 건설하기 시작했어요. 물에 뜨는 도시는 모두 5,000개의 물에 뜨는 부양 장치를 이용해 지어질 예정이에요. 그리고 주택, 식당, 상점, 학교 등이 얹힌 이 구조물 사이로 물이 흘러갈 수 있도록 설계되었죠. 전체적인 모습은 몰디브의 산호초와 비슷해요.

지금 한창 공사 중인 이 도시는 2027년에 완공될 예정이라고 해요. 이 거대한 프로젝트는 네덜란드의 부동산 회사와 몰디브 정부의 합작으로 이루어졌어요. 본래 전 국토의 3분의 1이 해수면보다 낮은 저지대에 위치한 네덜란드는 일찍이 댐과 제방을 건설하는 것으로 자연을 극복했어요. 따라서 물에 관련된 구조물을 설계하는 회사도 많이 있는 것으로 유명해요.

해수면의 상승을 대비하는 것도 필요하지만, 아예 지구 온난화를 방지하는 일이 더 중요하지요. 그러기 위해서는 전 세계인이 마음을 모아 석유, 석탄 등의 사용을 줄이고 공해가 발생하지 않는 새로운 에너지를 사용해야 해요. 이를 신재생 에너지라고 하는데 대표적인 예로 태양열, 풍력, 지열, 조류(바다의 썰물과 밀물) 에너지 등이 있어요. 그렇다면 이를 이용해 집에서 사용하는 전기를 자체 생산할 수는 없을까요?

독일 프라이부르크시에 있는 헬리오트롭(Heliotrop)이라고 하는 거대한 원통형 집이 바로 그러한 사례예요. 이 집이 유명한 이유는 60제곱미터 넓이의 태양 전지*가 마치 해바라기처럼 태양을 따라 회전하기 때문이에요. 그렇게 되면 전지가 하루 종일 햇빛을

> ★ 태양 전지 태양의 빛을 전기로 바꾸는 장치.

받으면서 전기를 생산할 수 있겠지요? 실제로 이 집은 사용하는 전기보다 태양을 이용해 생산해 내는 전기가 5배나

더 많아요. 이렇게 남아도는 전기를 전력 회사에 되팔고 있으니 집 자체가 하나의 조그만 발전소와 같아요. 석유나 석탄 같은 화석 연료의 사용으로 지구온난화가 큰 문제가 되는 지금 태양 에너지를 이용한 헬리오트롭은 하나의 좋은 아이디어가 될 수 있어요.

지구온난화로 인해 해안가의 수위가 높아지는 것 외에 잦은 홍수가 발생할 수 있어요. 혹은 만년설이 녹아 강의 수위가 높아질 수도 있고요. 그렇다면 상류에 댐을 건설하여 집을 짓는 비버에게서 아이디어를 얻을 수도 있어요.

때로는 해안가나 강가 말고 사막에서 살아야 할 수도 있어요. 세계 지도를 펼쳐 놓고 보면 인류가 사는 곳은 의외로 한정되어 있다는 것을 알 수 있어요. 무엇보다 대륙의 한가운데는 건조한 사막이나 초원 지대가 많아요. 아프리카 대륙과 오세아니아 대륙의 중심부는 사막으로 이루어져 있어서 사람이 거의 살지 않아요. 아시아의 몽골 초원, 아메리카 대륙의 네바다 사막, 중동의 아라비아반도도 매우 건조한 지역이죠. 만약 지구의 환경이 더 나빠지면 미래에는 이런 곳에서 살아야 할지도 몰라요. 그렇게 되면 지금까지 집과 건물을 지었던 것과는 전혀 다른 방식으로 지어야 할 수도 있어요.

기후 위기를 극복하려는 집 짓기

몰디브의 해양 도시

지구 온난화로 해수면이 점점 높아지니까 만들게 된 건축물이지.

2만 명이 거주 가능! 물에 뜬 도시!

2027년에는 완공 예정입니다!

독일의 헬리오트롭

태양 에너지를 이용해 전기 생산이 가능한 집이지.

신재생 에너지를 적극적으로 활용한 건축도 훌륭한 대안이 될 수 있어.

우리는 전기가 남아서 팔고 있어.

화성 이주 계획

아니… 잠깐, 지구에서 기후 위기부터 해결하고 오는 게 어때?

거절한다!

화성에 와서 또 환경 파괴하려고? 오지 마!

미래에는 어쩌면 화성이나 달에서 살 집을 지어야 할지도 몰라요. 현재 화성과 달에는 꾸준히 우주선을 보내 탐사하고 있는데, 이제 좀 더 본격적인 조사와 연구를 위해 인류가 머물며 몇 주 혹은 몇 달을 보내야 할지도 몰라요. 지금 남극 대륙에는 사람이 완전히 이주해서 살지는 않지만 조사와 연구를 위해 기지를 설치하고 연구원들이 그곳에 머물잖아요? 마찬가지로 화성과 달에도 조사와 연구를 위한 기지를 건설할 필요성이 있어요. 그렇다면 그때 어떤 집을 지어야 할까요?

화성과 달의 대기는 지구와는 전혀 다르기 때문에 지구에서 집을 짓는 방식과 동일하게 지을 수는 없을 거예요. 아마 아키그램 학파가 제안했던 걸어 다니는 도시가 필요할지도 몰라요. 그리고 외부로 나갈 때는 만반의 준비로 1인용 집인 쿠쉬클을 등에 짊어지고 가야겠지요. 이처럼 앞서 이야기했던 동물이 지은 집, 아키그램 학파가 제안했던 상상 속의 집들은 이후 우리가 지금과는 다른 환경에서 살아가야 할 때 하나의 아이디어를 제공할 수 있다는 점에서 중요해요. 점점 더 뜨거워지는 기후 위기 지구에서 과연 어떤 집이 생겨날까요?

세계 대전과 같은 큰 전쟁은 인류의 생각을 바꾸어 놓기도 해요. 제2차 세계 대전 후 아키그램이 등장한 것처럼 제1차 세계 대전이 끝난 1920년대에도 참신한 생각을 가진 건축가들이 많이 등장했어요. 그중 하나가 버크민스터 풀러였어요.

 그는 제1차 세계 대전 중 해군 장교로 참전한 경험이 있는데, 1927년에는 '다이맥시온 하우스'(Dymaxion House)를 제작해 발표했어요. 다이맥시온은 역동성을 뜻하는 다이내믹(Dynamic), 최대를 뜻하는 맥시멈(Maximum), 긴장을 뜻하는 텐션(Tension)을 결합해 만든 말이에요. '살기 위한 기계'로서의 작고 가벼운 편리한 주택을 뜻하지요. 다이맥시온은 두랄루민이라는 가벼운 금속으로 만들어진 둥그스름한 돔 형태로 이루어져 있고, 무게는 3톤, 바닥 면적이 148제곱미터였어요. 또한 1930년대에는 여기에 엔진과 바퀴를 달아 이동이 가능한 다이맥시온 삼륜차를 제작하기도 했어요.

 이 100년 전의 아이디어는 현재 기술로 충분히 실현 가능하고, 이미 우리 생활에 적용되고 있어요. 과연 무엇일까요? 바로 캠핑카예요. 조그만 주택과 자동차의 합성품이라 할 수 있는 캠핑카 한 대만 있으면 며칠 동안의 캠핑은 물론 몇 달이나 몇 년 동안의 생활도 가능해요. 캠핑카에서 가장 중요한 것은 물과 전기, 휘발유를 주기적으로 공급하는 것인데 이것은 지금 오토 캠핑장에서 가능해요. 자동차를 집 삼아서 생활하다가 물이나 전기, 휘발유가 떨어지면 오토 캠핑장에 가서 플러그를 꽂듯이 호스를 꽂아 급수를 하고 주유기를 꽂아 급유를 하죠.

아키그램 학파의 주장도 어느 정도는 현실에 반영됐어요. 1971년, 일본 도쿄에는 플러그인 시티를 발전시킨 캡슐 타워가 지어졌지요. 캡슐 타워는 거대한 건축의 뼈대 안에 140개의 캡슐형 작은 주택을 끼워 넣은 형태로 되어 있어요. 각 캡슐이 너무 낡게 되면 마치 헌 부품을 빼내고 새 부품을 끼워 넣듯 새 캡슐을 끼워 넣게 되어 있어요. 각 캡슐은 박스형으로 되어 있고 내부의 가구도 만들어진 일체형 부품으로 이루어져 있어서 공장에서 제작이 가능했지요. 그러나 점점 노후화되어 가는 캡슐을 교체하기 어려워진 탓에 결국 2023년에 캡슐 타워는 철거되었어요. 현재는 몇몇 캡슐만 '월간 캡슐'이라는 형태의 한 달짜리 숙박 프로그램으로 운영되고 있지요.

100년 전 버크민스터 풀러가 다이맥시온 하우스를 제안했을 때, 그리고

60년 전 아키그램 학파가 플러그인 시티를 제안했을 때 사람들은 불가능한 일이라고 생각했어요. 하지만 시간이 지나고 보니 불가능했던 것이 이제는 가능해졌어요. 그러니까 화성이나 달에 인류가 살 집을 짓겠다는 꿈도 언젠 가는 현실이 되겠지요? 바로 그 꿈을 실현 가능한 현실로 바꾸는 것은 아마 도 이 책을 읽고 있는 여러분이 아닐까요?